PROBLÈMES

D'ARITHMÉTIQUE

SOLUTIONS

Problèmes
d'Arithmétique.
Solutions.

7.

Réponse. 31 pièces 50.

8.

Réponse. 75 f. 60.

9.

$$\frac{170 \times 15}{20} = 127 \, g. \, 50.$$

Réponse. 127 g. 50.

10.

Réponse. 5 jours 8 heures.

11. Il reste à parcourir 500 Km. — 150 Km. = 350 Km.

Elle a parcouru 150 Km. en 8 jours

$$1 \text{ Km.} \ldots \frac{8}{150}$$

Elle parcourra 350 Km. en $\frac{8 \times 350}{150}$ = 18 jours 8 heures.

Réponse. 18 jours 8 heures.

12.   0 m. 60 de large . . . 65 m. de long.

1 m. 50 x

Quand le papier a 0 m. 60 de large, il en faut 65 m. de long.

$$1 \text{ m.} \ldots 65 \times 0,60$$

$$1 \text{ m. } 50 \ldots \frac{65 \times 0,60}{1,50} = 26 \text{ m.}$$

Réponse. 26 mètres.

13.   13 ouv. . . . 590 m. . . . . 25 j.

22 ouv. . . . 400 m. x

45 ouv. pour faire 590 m. ont mis 25 jours

1 ouv. . . . . 590 m. . . . .

1 ouv. . . . . 1 m. . . . .

22 ouv. . . . . 1 m.

22 ouv. . . . . 400 m.

$$\frac{25 \times 45 \times 400}{590 \times 22} = 34 j. \; 8 h.$$

Réponse. 34 jours 8 heures.

14.   25 ouv. . . 400 m. . . 8 h. . . . 7 jours

15 ouv. . 160 m. . . 5 h. . . . x

25 ouv. pour faire 400 m. travaillant 8 h. par j. ont mis 7 jours

1 ouv. . . . 400 m. . . . 8 h.

1 ouv. . . . 1 m. . . . 8 h.

1 ouv. . . . 1 m. . . . 1 h.

15 ouv. . . . 1 m. . . . 1 h.

15 ouv. . . . 160 m. . . . 1 h.

15 ouv. . . . 160 m. . . . 5 h.

$$\frac{7 \times 25 \times 8 \times 160}{400 \times 15 \times 5} = 7 j. \; 2 h. \; 20 m.$$

Réponse. 7 jours 2 h. 20 m.

15.   50 hommes . . . . 35 heures

50 + 12 ou 62 h. x

50 hommes creusent un fossé en 35 heures

$$1 h. \ldots 35 \times 50$$

$$62 h. \ldots \frac{35 \times 50}{62} = 28 h. \; 13 m.$$

Réponse. 28 h. 13 m.

16.   350 Km. . . 8 h. . . . 25 j.

500 Km. . . 5 h. . . . x

Pour faire 350 Km. en marchant 8 h. par j. un homme a mis 25 jours

1 Km. . . . . 8 h.

1 Km. . . . . 1 h.

500 Km. . . . 1 h.

500 Km. . . . 5 h.

$$\frac{25 \times 8 \times 500}{350 \times 5} = 57 j. \; \frac{1}{7}$$

Réponse. 57 jours $\frac{1}{7}$.

17. $\dfrac{7}{6}$ de large . . . . . . 160 m. de long

. . . . x

Quand le drap a $\dfrac{7}{8}$ de large il en faut 160 m. de long

$\dfrac{7}{8}$ ou $\dfrac{6}{6}$ . . . . $\dfrac{160 \times 7}{8}$

$\dfrac{160 \times 7 \times 6}{8}$

$\dfrac{160 \times 7 \times 6}{8 \times 5} = 168$ m.

Réponse. 168 mètres

18. 12 hommes . . 8 heures . . 15 m. de long . . 3m 50 hauteur . . on 60 dif.r . . 16 jours
18 h. . . . 9 h.res . . 30 m. . . . 3 m. 80 h . . . on 72 . . . x

Réponse. $x = \dfrac{16 \times 12 \times 8 \times 0,72 \times 3,8}{15 \times 3,50 \times 0,60 \times 9 \times 18} = 24$ jours 6 heures.

19. Il reste $100 - 15 = 85$ hommes
100 hommes . . . . 8 mois
85 h. x

100 hommes ont des vivres pour 8 mois
S'il n'y avait qu'un homme, il en aurait pour 8 m. × 100
et s'il y en avait 85, ils en auraient pour $\dfrac{8 \times 100}{85} = 9$ m. 12 jours.

Réponse. 9 mois 12 jours.

20. 1800 hommes . . . . 30 jours
1900 h x

1800 hommes ont des vivres pour 30 jours
1 h . . . . 30 × 1800
1900 h . . . . . $\dfrac{30 \times 1800}{1900} = 28$ j. 5 h.

Réponse. 28 jours 5 heures.

21. 30 ouv. . . 8 j. . . . 10 h. . . difficulté 2 . . 120 m.
15 ouv. . . 12 j. . . . 7 h. . . . . . 5 . . x

Réponse. $x = \dfrac{120 \times 2 \times 15 \times 12 \times 7}{30 \times 8 \times 10 \times 5} = 25$ m. 20.

22. Volume du premier fossé : $45 \times 3 \times 6 = 810$ m³.
Volume du deuxième fossé : $80 \times 2 \times 4 = 640$ m³.
En travaillant 10 j. et 8 h. par j. pour creuser un fossé de 810 m³ il faut 35 hommes
. . . . 15 j. . 9 h. . . . . 640 m³ . . . x

Réponse. $x = \dfrac{35 \times 10 \times 8 \times 640}{810 \times 15 \times 9} = 16$ hommes.

23. Volume du premier fossé : $222 \times 1,50 \times 2 = 666$ m³
Volume du deuxième fossé : $187 \times 1,70 \times 1,75 = 556$ m³ 325
18 ouvriers . . 15 jours . . . 7 heures . . 666 m³ . . force 7
21 ouv. . . . 19 j. . . 4 h. . . 556 m. 325 . . . x

Réponse. $x = \dfrac{7 \times 18 \times 15 \times 7 \times 556.325}{666 \times 21 \times 19 \times 4} = 6,92.$

24. Volume du premier canal : $320 \times 12,50 \times 2,10 = 84\,000$ m³

Volume du deuxième canal : . . . . . $434\,200$ m³

2 mois 5 jours 7 heures valent 1560 heures.

540 ouvriers . . 10 heures . . 434 200 m³ . dureté $\frac{4}{3}$ . . . 1560 heures

512 ouv. . . . 8 h. . . 84 000 m³ . . . . $\frac{7}{8}$ . . . x

Réponse. $x = \dfrac{1560 \times 540 \times 10 \times 3 \times 84000 \times 7}{434200 \times 512 \times 8} = 2$ m. 24 j 7 h. 5½ m.

41. 3 ans 6 mois valent 1275 jours.

100 fr. . . . 360 j . . . 5 fr.

1200 fr. . . . 1275 j . . . x

100 fr. en 360 jours produisent 5 fr. d'intérêt

1 fr. . . 360 j

1 fr. . . 1 j

1200 fr. . . 1 j

1200 fr. . . 1275 j

$\left\{ \dfrac{5 \times 1200 \times 1275}{100 \times 360} = 212 \text{ fr. } 50 \right.$

Réponse. 212 fr. 50.

42. 1 an 8 mois 13 jours valent 613 jours.

100 fr. . . 360 j . . . 4 fr. 50

4600 fr. . . 613 j . . . x

100 fr. en 360 j. produisent 4 fr. 50 d'intérêt

1 fr. . . 360 j

1 fr. . . 1 j

4600 fr. . . 1 j

4600 fr. . . 613 j

$\left\{ \dfrac{4,50 \times 4600 \times 613}{100 \times 360} = 42? \text{ fr. } 10 \right.$

Réponse. 469 fr. 10.

43. 3200 fr. . . . 2 ans . . . 288 fr.

100 fr. . . . 1 an . . . x

3200 fr. en 2 ans ont produit 288 fr. d'intérêt

1 fr. . . 2 ans

1 fr. . . 1 an

100 fr. . . 1 an

$\left\{ \dfrac{288 \times 100}{3200 \times 2} = 4 \text{ fr. } 50 \right.$

Réponse. 4 fr. 50.

44. 4 fr. . . . 12 mois . . . 100 fr.

325 fr. 50 . . 18 m. . . . x

4 fr. en 12 mois viennent d'un capital de 100 fr.

1 fr. . . 12 m.

1 fr. . . 1 m.

325 fr. 50 . . 1 m.

325 fr. 50 . . 18 m.

$\left\{ \dfrac{100 \times 12 \times 325,50}{4 \times 18} = 5425 \text{ fr.} \right.$

Réponse. 5425 francs.

45. 100 fr. . . 5 fr. . . . 1 an

3600 fr. . . 465 fr. . . . x

100 fr. pour produire 5 fr. restent placés 1 an

1 fr. . . 5 fr.

1 fr. . . 1 fr.

3600 fr. . . 1 fr.

3600 fr. . . 465 fr.

$\left\{ \dfrac{1 \times 100 \times 465}{5 \times 3600} = 1 \text{ an } 7 \text{ m. } 20 \text{ j} \right.$

Réponse. 1 an 7 mois 20 jours.

46. 3 ans 4 mois valent 40 mois

$$
\begin{array}{llll}
300\text{ fr.} & \ldots & 12\text{ mois} & \ldots\ 4\text{ fr. }50 \\
500\text{ fr.} & \ldots & 40\text{ m.} & \ldots\ x \\
\hline
100\text{ fr. en } & 12\text{ mois} & \text{produisent} & 4\text{ fr. }50\text{ d'intérêt} \\
1\text{ fr.} & \ldots & 12\text{ m.} & \\
1\text{ fr.} & \ldots & 1\text{ m.} & \\
500\text{ fr.} & \ldots & 1\text{ m.} & \\
500\text{ fr.} & \ldots & 40\text{ m.} &
\end{array}
\qquad
\dfrac{4{,}50 \times 500 \times 40}{100 \times 12} = 120\text{ fr.}
$$

Réponse. 500 fr. + 120 fr. = 620 francs.

47. 3 ans 25 jours valent 1105 jours.

$$
\begin{array}{llll}
5\text{ fr.} & \ldots & 360\ j & \ldots\ 100\text{ fr.} \\
1200\text{ fr.} & \ldots & 1105\ j & \ldots\ x \\
\hline
5\text{ fr. en} & 360\text{ jours} & \text{viennent d'un capital de } 100\text{ fr} \\
1\text{ fr.} & \ldots & 360\ j & \\
1\text{ fr.} & \ldots & 1\ j & \\
1200\text{ fr.} & \ldots & 1\ j & \\
1200\text{ fr.} & \ldots & 1105\ j &
\end{array}
\qquad
\dfrac{100 \times 360 \times 1200}{5 \times 1105} = 7819\text{ francs}
$$

Réponse. 7819 francs.

48 7 hectares 9 ares 30 centiares valent 709 ares 30 centiares dont la valeur est de . . . . . . $20\text{ fr. }50 \times 709{,}30 = 14540\text{ fr. }65$.

L'intérêt de 14540 fr. 65 à 5 p% pendant 4 ans 6 mois est de .
$$\dfrac{54 \times 14540{,}65 \times 54}{1200} = 3271\text{ fr. }65$$

Il lui faudra donc au bout de 4 ans 6 mois, tant pour le capital que pour les intérêts . . . 14540 fr. 65 + 3271 fr. 65 = 17812 fr. 30

Réponse. 17812 fr. 30.

49. L'intérêt de 1200 francs à 4,5 pour % pendant 19 mois est de
$$\dfrac{4{,}50 \times 1200 \times 19}{1200} = 285\text{ fr.}$$

La somme qui placée à 5 p% pendant 3 ans 4 mois ou 40 mois, aurait rapporté 285 francs d'intérêt serait de
$$\dfrac{100 \text{ fr.} \times 12 \times 285}{5 \times 40} = 1710\text{ francs.}$$

On devrait donc ajouter à 1240 francs
$$1710\text{ fr.} - 1240\text{ fr.} = 470\text{ francs.}$$

Réponse. 470 francs.

50. L'intérêt de 1200 francs à 5 pour % pendant 3 ans 3 mois est de . . . . . . $\dfrac{5 \times 1200 \times 39}{1200} = 164\text{ fr. }33$.

Et la somme qui placée à 4,5 p% pendant 3 ans 3 mois ou 39 mois, aurait produit 164 fr. 33 d'intérêt
$$\dfrac{100 \text{ fr.} \times 12 \times 164{,}33}{4{,}5 \times 39} = 483\text{ fr. }32.$$

On devrait donc construire de 1240 francs
$$1240\text{ fr.} - 483\text{ fr. }32 = 756\text{ fr. }68.$$

Réponse. 756 fr. 68.

51. La dépense annuelle de cette personne est de
$$4{,}50 \times 365 = 1642\text{ fr. }50.$$

Elle met donc de côté par an
$$225 \times 12 = 2700\text{ francs.}$$

Son revenu annuel est donc de
$$1642,50 + 2700 = 4342 \text{ fr. } 50.$$

5 fr. de revenu viennent de 100 fr. de capital

1 fr. . . . . $\dfrac{100}{5}$

4342 fr. 50 . . . . . . $\dfrac{100 \times 4342,50}{5} = 86850 \text{ fr.}$

Réponse. 86850 francs.

52. Les intérêts de la somme demandée sont évidemment de
$$600 \text{ fr.} \times \frac{9}{8} = 675 \text{ fr.}$$
et cette somme de
$$\frac{100 \text{ fr.} \times 675}{5} = 13500 \text{ fr.}$$

Réponse. 13500 francs.

53. D'après l'énoncé 2137 fr. 50 sont les $\dfrac{95}{100}$ de la rente pleine, cette rente est donc de
$$\frac{2137 \text{ fr.} 50 \times 100}{95} = 2250 \text{ fr.}$$

Pour rapporter 2250 francs, les 15000 francs doivent rester placés pendant
$$\frac{1 \times 100 \times 2250}{5 \times 15000} = 3 \text{ ans.}$$

Réponse. 3 ans.

54. L'intérêt annuel de 2000 fr. à 4 p. % est de
$$\frac{4 \times 2000}{100} = 80 \text{ francs.}$$
L'intérêt produit par 1500 francs, capital de la 2ᵉ personne, est donc de
$$80 \text{ fr.} + 10 \text{ fr.} = 90 \text{ fr.}$$
et le taux auquel ce capital était placé de
$$\frac{90 \times 100}{1500} = 6 \text{ fr.}$$

Réponse. 6 francs.

55. On a
$$t = \frac{I \times 100}{c \times a} = \frac{754,60 \times 100}{6 \times 8642} = 1 \text{ an. } 5 \text{ m. } 14 \text{ j.}$$

Réponse. 1 an. 5 m. 14 j.

56.
$$3 \text{ ans } 7 \text{ mois} = 43 \text{ mois.}$$
On a
$$I = \frac{i \times a \times t}{1200} = \frac{4,50 \times 600 \times 43}{1200} = 96 \text{ fr. } 75.$$

Réponse. 96 fr. 75.

57.
$$3 \text{ ans } 7 \text{ mois} = 43 \text{ mois.}$$
On a
$$a = \frac{I \times 100}{i \times t} = \frac{28547 \times 1200}{6 \times 43} = 132776 \text{ fr. } 75.$$

Réponse. 132776 fr. 75.

58. L'intérêt produit par 2400 francs est de 2643 fr. − 2400 fr. = 243 fr. Le temps que 2400 francs auraient mis pour rapporter ces 243 fr. est de
$$\frac{243 \times 100}{4,50 \times 2400} = 2 \text{ ans } 3 \text{ mois.}$$

Réponse. 2 ans 3 mois.

59.
$$1 \text{ an } 3 \text{ mois} = 15 \text{ mois.}$$
On a
$$i = \frac{I \times 1200}{a \times t} = \frac{201,45 \times 1200}{5387,75 \times 15} = 3 \text{ fr.}$$

Réponse. 3 francs.

60.   100 francs en 6 mois ont rapporté

$$\frac{5 \times 6}{12} = 2f.50.$$

Par conséquent 100 francs valent au bout de 6 mois, capital et intérêt compris, 102 fr. 50

Si 102 fr. 50 sont le capital et l'intérêt de 100 francs

1 fr. . . . . $\dfrac{100}{102,50}$

7500 fr. . . . . $\dfrac{100 \times 7500}{102,50} = 7317$ fr. 17

On trouverait en raisonnant comme précédemment que 6000 fr. sont le capital et l'intérêt de 5882 fr. 38.

La somme placée se montait donc à

$$7317 f.17 + 5882 fr. 38 = 13199 fr. 45.$$

Réponse. 13199 fr. 45.

61.   650 fr. en 7 ans produisent autant que $650 \times 7 = 4550$ fr. en 1 an

460 fr. en 2 ans . . . . $460 \times 2 = 920$ fr. . . . .

485 fr. en 3 ans . . . . $485 \times 3 = 1455$ fr. . . . .

700 fr. en 5 ans . . . . $700 \times 5 = 3500$ fr. . . . .

Ces différentes sommes ont produit autant que 10425 fr. en 1 an

c'est-à-dire . . . . $\dfrac{5 \times 10425}{100} = 521$ fr. 25.

Réponse. 521 fr. 25.

62.   700 fr. en 3 ans 4 m. ou 40 m. ont produit autant que $700 \times 40 = 28000$ fr. en 1 m.

540 fr. en 3 ans 5 m. ou 29 m. . . . . . $540 \times 29 = 15660$ fr. . . .

1500 fr. en 3 a. 5 m. ou 41 m. . . . . $1500 \times 41 = 61500$ fr. . . .

1700 fr. en 1 a. 4 m. ou 16 m. . . . . $1700 \times 16 = 27200$ fr. . . .

Ces sommes réunies ont produit autant que . . . . 132360 fr. en 1 m.

c'est-à-dire $\dfrac{4 \times 132360}{1200} = 441$ fr. 20.

Réponse. 441 fr. 20.

63.   Réponse. $\overline{1,05}^3 \times 2000 = 2315$ fr. 25

64.   Réponse. $\overline{1,06}^4 \times 4375 = 5523$ fr. 33

65.   1 franc, au bout de 3 ans, est devenu $\overline{1,05}^3 = 1$ fr. 1576

1 fr. 1576 viennent de 1 franc

1 fr. . . . . $\dfrac{1}{1,1576}$

6842 fr. 70 . . . . . $\dfrac{1 \times 6842,70}{1,1576} = 5600$ fr.

Réponse. 5600 francs.

66. Réponse. $\overline{1,05}^3 \times 4200 = 4862$ fr. 025.

67. 3 hecta. 9 ares 25 centiares $= 30925$ m² $= 309$ déam² 25.

Le prix de cette pièce de terre est de

$$309,25 \times 50 = 15462 \text{ fr. } 50.$$

Le prix de la vigne étant les $\frac{4}{3}$ du prix de la pièce de terre est de

$$\frac{15462,50 \times 4}{3} = 20616 \text{ fr. } 66.$$

Le montant de l'achat est donc de

$15462,50 + 20616,66 = 36079$ fr. 16

Après avoir donné un à-compte de 1500 francs, il reste à payer

$36079,16 - 1500 = 34579$ fr. 16

34579 fr 16 au bout de 3 ans sont devenus, avec les intérêts composés,

$$\overline{1,05}^3 \times 34579,16 = 40028 \text{ fr. } 83$$

L'intérêt de 40028 fr. 83 pour 6 mois est de

$$\frac{5 \times 40028,83 \times 6}{1200} = 1000 \text{ fr. } 72$$

Ce cultivateur doit donc débourser

$$40028,83 + 1000,72 = 41029 \text{ fr. } 55.$$

Réponse. 41029 fr. 55.

68.   14 hectares 9 ares 55 centiares = 14,0955 ares.

Le prix total de cette propriété est de $26 \times 1504,55 = 37738$ fr. 75.

Si les deux frères payaient comptant, le plus jeune verserait

$$\frac{37738,75 \times 3}{5} = 28304 \text{ fr. } 06$$

et l'aîné . . . . . $37738,75 - 28304,06 = 9434$ fr. 69.

La somme 28304 fr. 06 pendant 3 ans 6 mois est devenue, avec les intérêts composés,

$$\overline{1,05}^3 \times 28304,06 \text{ ou } 32547,94 + \frac{5 \times 32547,94 \times 6}{1200} = 33584 \text{ fr. } 62.$$

De même la somme 9434 fr. 69 au bout du même temps s'est élevée à

$$\overline{1,05}^3 \times 9434,69 \text{ ou } 10925 \text{ fr. } 62 + \frac{5 \times 9434,69 \times 6}{1200} = 11194 \text{ fr. } 875.$$

Réponse. Le plus jeune déboursera 33584 fr. 62 et l'aîné 11194 fr. 875.

69. Réponse. 15981 francs

70. Réponse. $\overline{1,05}^4 \times 1600 = 19448,1$ fr.

71. 1 franc pendant 1 an et 8 mois est devenu

$$1,045 + \frac{1,05 \times 5 \times 0,045 \times 8}{1200} = 1 \text{ fr. } 076.$$

1 fr. 076 viennent de 1 fr.

1 fr. . . . . . $\frac{1}{1,076}$

3982 fr. 495 . . . . $\frac{1 \times 3982,495}{1,076} = 3700$ fr.

Réponse. 3700 francs.

72. Réponse. $\overline{1,05}^6 \times 1108$ fr. 20 = 1485 fr. 09.

73. Réponse. $\overline{1,05}^4 \times 6000 = 7293$ francs.

76. 250 francs ont porté intérêt pendant 40 semaines. L'intérêt de 250 fr.

pendant ce temps est de $\frac{3,75 \times 250 \times 40}{100 \times 52} = 7$ fr. 21.

Réponse. 7 fr. 21.

77. Réponse. 1 fr. 316.

78.

Sommes versées.	Sommes retirées.	Escomptes.	Intérêts anticipés.	Int. rétrogrades.
200		4"	6,77	
	50	16	"	1,65
300	"	40	8,55	
500			15,42	
50			1,65	
450 diff.ce des capitaux.			13,77 diff.ce des int.	
13,77				
463,77 somme à payer.				

79.

Sommes placées.	Sommes retirées.	Semaines d'int.	Intérêts anticipés.	Intérêts rétrogrades.
400	"	52	15	"
100	"	42	3,02	"
300	"	36	5,62	"
800	800	11		6,34

$$17,30$$
$$817,30 \text{ Somme à payer.}$$

$$23,64$$
$$6,34$$
$$17,30 \text{ diff.}^e \text{ des int.}$$

Réponse. 817 fr. 30.

87. Réponse. 18 mois 22 jours.

88. Réponse. 16 mois 1 jour.

89. Ce commerçant devait jouir de 650 francs pendant 8 mois seulement ou de $650 \times 8 = 5200$ francs pendant 1 mois ; mais il a joui de 650 francs pendant 10 mois ou $650 \times 10 = 6500$ fr. pendant 1 mois. Il a donc profité de l'intérêt de 6500 fr. $- 5200$ fr. $= 1300$ fr. pendant 1 mois. —

Le temps demandé est le temps que 1300 francs mettraient pour rapporter l'intérêt de $800 \times 3 = 2400$ fr. en 3 mois. Or,

2400 fr. rapportent un certain intérêt en 1 mois

1 fr. pour rapporter le même intérêt sera $1m. \times 2400$

1300 fr. $\qquad \dfrac{1m. \times 2400}{1300} = 6m. 18j.$

Réponse. 6 mois 18 jours.

90. Supposons la dette de 18 francs ; le premier paiement sera de 9 fr., le deuxième de 3 fr., le 3e de 3 fr. et le 4ième de 3 francs. — Or,

9 fr. en 8 mois rapportent autant que $9 \times 8 = 72$ fr. en 1 mois

3 fr. en 13 mois . . . . $3 \times 13 = 39$ fr. . . . . .

3 fr. en 18 mois . . . . $3 \times 18 = 54$ fr. . . . . .

3 fr. en 23 mois . . . . $3 \times 23 = 69$ fr. . . . . .

Les 18 fr. rapporteraient autant que $\qquad 234$ fr. en 1 mois

234 fr. rapportent un certain intérêt en 1 mois

1 fr. pour rapporter le même int. sera $1m. \times 234$

18 fr. . . . . $\dfrac{1m. \times 234}{18} = 13$ mois

Réponse. 13 mois.

91. Le négociant devait jouir de 4000 fr. pendant 2 ans ou 24 mois ou de $4000 \times 24 = 96000$ fr. pendant 1 mois.

Il a joui de 2500 fr. pendant 8 mois ou de $2500 \times 8 = 20000$ fr. pendant 1 mois. — Il lui reste à payer 4000 fr. $- 2500$ fr. $= 1500$ fr., et il a encore droit aux intérêts de 96000 fr. $- 2000$ fr. $= 76000$ fr. pendant 1 mois ; c. à dire de temps doit-il garder ses 1500 fr. pour en retirer le même intérêt que 76000 fr. en 1 mois.

76000 fr. rapportent un certain int. en 1 mois

1 fr. pour rapporter le même int. sera $1m. \times 76000$

1500 fr. . . . . $\dfrac{1 \times 76000}{1500} = 4$ ans 2 m. 20 j.

Réponse. 4 ans 2 m. 20 jours.

92. Le négociant devait jouir de 15000 francs pendant 15 mois ou $15000 \times 15 =$
225000 francs pendant 1 mois.

Il jouit de 5000 francs pendant 24 mois ou $5000 \times 24 = 120000$ fr. pend. 1 m.

La somme qu'il a payée d'abord $15000 - 5000 = 10000$ fr. a dû lui rapporter
autant que 225000 fr. $- 120000$ fr. $= 105000$ fr. pendant 1 mois ; combien de temps
a-t-il dû garder ces 10000 fr. pour en retirer les intérêts de 105000 francs pendant
1 mois ?

Réponse. $\dfrac{1m \times 105000}{10000} = 10$ mois 15 jours.

93. Le négociant en payant 1350 francs au bout de 9 mois au lieu de 18, perd
les intérêts de 1350 fr. pendant 9 mois, ou les int. de $1350 \times 9 = 12150$ fr. pendant 1 mois.

Il faut donc que sur son paiement, qui sera de $9000 - 1350 = 7650$, il regagne
cet intérêt de 12150 fr. pendant 1 mois ; combien de temps doit-il garder au
delà du terme fixé, ces 7650 fr. pour gagner les intérêts de 12150 francs ?

On trouvera, en suivant toujours la même méthode,

$$\frac{1m \times 12150}{7650} = 1m. \ 17 \text{ jours.}$$

Le second paiement aura donc lieu au bout de

$$18m. + 1m. \ 17 j = 19 \text{ mois } 17 \text{ jours.}$$

Réponse. 19 mois 17 jours.

94. Au bout de 3 ans, c'est-à-dire de 36 mois, A devrait à B :

600 fr. + les int. de 600 fr. pend. 28 m. ou de $600 \times 28 = 21600$ fr. pend. 1 m.
900 fr. . . . . . 900 f. . . 21 m. . . . $900 \times 21 = 18900$ f. . . . . . .
1000 fr. . . . 1000 fr. . . 12 m. . . $1000 \times 12 = 12000$ fr. . . . . .

En somme

2500 fr. + les intérêts de . . . . 52500 fr. pend. 1 m.

À la même époque, B devrait à A :

500 fr. + les int. de 500 fr. pend. 32 m. ou de $500 \times 32 = 16000$ fr. pend. 1 m.
200 fr. . . . . . 200 fr. . . 28 m. . . $200 \times 28 = 5600$ f. . . . .

700 fr. + les int. de . . . . 21600 fr. pend. 1 m.

Déduction faite finalement A devra à B :

1800 fr. + les int. de . . . . 30900 fr. pend. 1 m.

Réponse. 1800 fr. + les int. de 30900 f. pendant 1 mois.

105. Réponse. 18 fr. 34.

106. Réponse. 5 francs.

107. Réponse. 953 fr. 57.

108. Réponse. 296 fr. 60.

109. Réponse. 5 francs.

110. Réponse. 5 francs.

111. Réponse. 245 ; 229 fr. 69.

112. Réponse. 1398 fr. 75.

113. Réponse. 850 fr.

114. Intérêt de 100 francs pour 6 mois : $\dfrac{6 \times 6}{12} = 3$ fr.

Escompte du 1ᵉʳ billet : $\dfrac{3 \times 3500}{103} = 101$ fr. 94.

Intérêt de 100 f. pour 3 m. 15 j. ou pour 105 jours : $\dfrac{6 \times 105}{360} = 1$ fr. 75.

Escompte du 2ᵉ billet : $\dfrac{1,75 \times 6400}{101,75} = 110$ fr. 06.

Valeur actuelle du 1ᵉʳ billet : $3500 - 101,94 = 3398,06$

Valeur actuelle du 2ᵉ billet : $6400 - 110,06 = 6289,94$

. . . . des paiements : 9688 fr. . . .

Réponse. 9688 francs.

115. L'intérêt de 100 francs pour 10 mois est de

$$\frac{5 \times 10}{12} = 4 \text{ fr. } 17.$$

Par conséquent,

Quand ce marchand versait 100 fr., il aurait dû verser à l'échéance 104 fr. 617

1 fr. . . . . $\dfrac{104,17}{100}$

6500 fr. . . . . . $\dfrac{104,17 \times 6500}{100} = 6770,83$

Le nombre de mètres achetés est évidemment de $\dfrac{6770,83}{12} = 564$ m. 24.

et la longueur de la pièce de $\dfrac{564,24}{15} = 37$ m. 61.

Réponse. 37 m. 61.

116. On a l'équation $\dfrac{ani}{36000} = \dfrac{ani}{36000+ni} + 20,38.$ D'où l'on tire

$a = 6000$ fr.

Autre solution. L'excès de l'escompte en dehors sur l'escompte en dedans n'étant autre chose que l'intérêt de l'escompte en dedans pour le temps qui reste à courir, nous pouvons déterminer l'escompte en dedans par le raisonnement suivant :

6 fr. de différence entre les deux escomptes viennent de 100 f. d'escompte en dedans

1 fr. . . . . $\dfrac{100}{6}$

20 fr. 38 . . . . . $\dfrac{100 \times 20,38}{6} = 339$ fr. 66.

On prend 6 fr. d'escompte sur 106 fr. de valeur nominale

1 fr. . . . . . $\dfrac{106}{6}$

339 f. 66 . . . . . $\dfrac{106 \times 339,66}{6} = 6000$ fr.

Réponse. 6000 francs.

117. Prix de vente : 15, ×520 = . . 7800 fr.

Escompte donné par le commerçant : $\dfrac{7 \times 7800}{100} =$ 546 fr.

Vente nette du drap : 7254 fr. . . . 7254 fr.

Prix d'achat du drap. 12×520 = 6240 fr.

Escompte à 5 p.% de 6240 fr. : $\dfrac{5 \times 6240}{100} =$ 312 fr.

Prix net de l'achat du drap : 5928 fr. . . . 5928 fr.

Bénéfice du commerçant . . 1326 fr.

Réponse. 1326 francs.

118. Intérêt de 100 fr. pendant 42 jours : $\dfrac{6 \times 42}{360} = 0$ fr. 70

100 fr. se sont donc trouvés réduits à $100 - 0,70 = 99$ f. 30.

La valeur nominale du billet est alors de $\dfrac{100 \times 1986}{99,30} = 2000$ fr.

Réponse. 2000 francs.

119. Réponse. 72 jours.

120. Réponse. 70 jours.

121. L'escompte est de 1500 fr. − 1445 fr. = 55 fr.

100 fr. donnent 5 f. 50 d'escompte en 360 jours

1 fr. . . . . 5 f. 50 . . 360×100

1 fr. . . . . 1 f. . . $\dfrac{360 \times 100}{5,50}$

1500 fr. . . a 1 f. . . $\dfrac{360 \times 100}{5,50 \times 1500}$

1500 f. . . . 55 fr. . . $\dfrac{360 \times 100 \times 55}{5,50 \times 1500} = 240$ jours.

En comptant 240 jours à partir du 20 juillet, on trouve que la date de l'échéance était le 17 mars de l'année suivante.

125. Réponse. 640 f. 88.

126. Réponse. 98 fr. 07.

127. Réponse. [illegible] fr. 2[illegible].
128. Réponse. [illegible] fr. [illegible].
129. Réponse. [illegible] fr. [illegible].
130. Réponse. [illegible].
131. Perte sur [illegible] : 90 fr. − 80 fr. 80 = 9 fr. 20.
Sur [illegible] francs [illegible] personne perd 9 fr. 20

$$\frac{9,20 \times 100}{70} = 13 \text{ fr. } 14$$

Réponse. 13 fr. 14.

132. Le capital de cet individu est de $\dfrac{100 \times 3400}{4} = 85000$ francs.
et son revenu de : $\dfrac{3 \times 85000}{48,30} = 3733$ fr. [illegible].

Réponse. 3733 fr. [illegible].

133. Nombre de corbeilles de pommes : 12 × 10 = 120.
Poids des corbeilles : 3 K.[illegible] × 120 = 420 Kg.
Différence des cours : 90 fr. − 88 fr. 50 = 1 fr. 50. Prix auquel le
Sur 90 fr. le marchand perd 1 fr. 50. marchand revend ses
1 fr. [illegible] pommes : $\dfrac{90 \times 420}{60} = 360$ fr.

$$\frac{1,50 \times 360}{90} = 6 \text{ f. } 83.$$

Réponse. 5 fr. 83.

141. Réponse. 214 fr. 29 ; 385 fr. 71.
142. Réponse. 384 fr. 75 ; 143 fr. 75 ; 287 fr. 50.
143. Réponse. 933 fr. 75 ; 565 fr. 25 ; 17549 fr. ; 30042 fr. 60 ; 39445 fr.

144. La part de la première personne étant égale à [illegible], la part de la deuxième
sera 3/5 de 5 ou 3 de celle de la première. — La somme des deux parts est donc
équivalente aux 8/5 de la part de la première personne.
Les 8/5 de la part de la première personne = 150 fr.

$$\frac{150 \times 5}{8} = 93 \text{ fr. } 75.$$

La part de la deuxième personne est 93,75 × 3/5 = 56 fr. 25.
Réponse. 93 fr. 75 ; 56 fr. 25.

145. Réponse. 540 ; 600 ; 576.
146. Réponse. 4 ha, 50 a 49 ; 5 ha, 36 a 41 ; 5 ha, 632 a.

147. D'après l'énoncé la première partie = 2/3 de la deuxième et la deuxième
= 4/7 de la troisième.
Par conséquent,
La 3ème partie étant 5/5,
La 2ème partie sera 4/7 de 5/5 ou 4/7 de la 3e.
Si la 1re [illegible]

La somme des trois parts équivaut donc à $\frac{3}{7} + \frac{4}{7} + \frac{5}{7}$ ou à $\frac{15}{15} + \frac{12}{15} + \frac{8}{15} = \frac{35}{15}$ de la 3e.

$$\frac{35}{15} \text{ de la 3e partie} = 640$$
$$\frac{1}{15} = \frac{640}{35}$$
$$\frac{15}{15} = \frac{640 \times 15}{35} = 274,28.$$

La 2e partie est 274,28 × 4/5 = 219,42
Et la 1re 219,42 × 2/3 = 146,28
Total 639,98

Réponse. 146,28 ; 219,42 ; 274,28.

148. 2e partie = 1/2 de la 1re.
3e partie = 1/7 de la 2e + 1/4 de la 1re ou 1/12 de la 1re + 1/4 de la 1re
= 4/12 de la 1re = 1/3 de la 1re.

4ᵉ partie $= \frac{2}{3}$ de la 2ᵉ $= \frac{2}{15}$ de la 1ʳᵉ.

5ᵉ partie $= \frac{1}{8}$ de la 1ʳᵉ.

La somme des 5 parties équivaut donc à

$$1 + \frac{1}{3} + \frac{1}{3} + \frac{2}{15} + \frac{1}{8} \text{ ou à } \frac{120}{120} + \frac{40}{120} + \frac{40}{120} + \frac{16}{120} + \frac{105}{120} = \frac{321}{120} \text{ de la première}$$

$\frac{321}{120}$ de la première partie $= 18684$

$\frac{1}{120}$ . . . . $= \frac{18684}{321}$

$\frac{120}{120}$ ou la première partie . $= \frac{18684 \times 120}{321} = 6984,67$

La deuxième partie est : $6984,67 \times \frac{1}{3} = 2328,22$

La 3ᵉᵐᵉ . . . . : $6984,67 \times \frac{1}{3} = 2328,22$

La 4ᵉᵐᵉ . . . . : $6984,67 \times \frac{2}{15} = 931,29$

La 5ᵉᵐᵉ . . . . : $6984,67 \times \frac{1}{8} = 6111,59$

Total $\quad 18683,99$

On pourrait obtenir les diverses parties en partageant 18684 en parties proportionnelles aux nombres 120, 40, 40, 16 et 105.

149. 1ᵉ : 2ᵉ :: 7 : 2½ | 1ᵉ $= 7 : 2\frac{1}{2} = 7 \times \frac{2}{5} = \frac{14}{5}$ de 2ᵉ

2ᵉ : 3ᵉ :: 4 : 6 | 2ᵉ $= 4 : 6 = \frac{2}{3}$ de 3ᵉ

3ᵉ : 4ᵉ :: $\frac{12}{8}$: 750 | 3ᵉ $= \frac{12}{8} : 750 = \frac{12}{1000} = \frac{3}{500}$ de 4ᵉ.

La 4ᵉ partie étant 1 ou $\frac{1500}{1500}$

La 3ᵉ partie sera les $\frac{3}{500}$ de 1 ou $\frac{3}{500} = \frac{15}{1500}$

La 2ᵉ . . . les $\frac{2}{3}$ de $\frac{3}{500} = \frac{2}{500} = \frac{10}{1500}$

La 1ʳᵉ . . . les $\frac{14}{5}$ de $\frac{1}{500} = \frac{28}{2500}$

. . . . . 12222 . . . . . . $\frac{1500}{1500} + \frac{15}{2500} + \frac{10}{500} + \frac{28}{16} = \frac{2553}{500}$ de la 4ᵉ partie.

Cette 4ᵉ partie est . . . $12222 \times \frac{2000}{2553} = 11965,27$

La 3ᵉ . . . . . . $11965,27 \times \frac{3}{500} = 71,8$

La 2ᵉ . . . . . . $71,8 \times \frac{2}{3} = 47,9$

La 1ʳᵉ . . . . . . $47,9 \times \frac{14}{5} = 133,05$

Total $\quad 12222,00$

On pourrait obtenir les diverses parties en partageant 12222 en parties proportionnelles aux nombres 2553, 15, 10 et 28.

$$\frac{1}{2}\text{ᵉ} = 15 \quad \Big| \quad \text{D'où} \quad \Big\{ 1ᵉ = 2ᵉ \times 15$$

$$= 18 \quad \Big| \qquad\qquad 2ᵉ = 3ᵉ \times 18$$

$$\frac{1}{4}ᵉ = 21 \quad \Big| \qquad\qquad 3ᵉ = 4ᵉ \times 21$$

Donc

La 4ᵉ étant 1

La 3ᵉ sera . . . 1 × 21 21

La 2ᵉ . . . 21 × 18 . . . . . 378 $\Big\}$ 6069

Et la 1ʳᵉ . . . 378 × 15 5670

La somme des 4 parties équivaut donc à 6069 fois la première. Par conséquent

Cette 4ᵉ partie est $\quad 8706 : 6069 = 1,4347$

La 3ᵉ partie est alors $= 1,4347 \times 21 = 30,12$

La 2ᵉ . . . . . . $30,12 \times 18 = 542,16$ $\Big\}$ 8706,11

La 1ʳᵉ . . . . . . $542,16 \times 15 = 8132,40$

On obtiendrait également les diverses parties en partageant 8706 en parties proportionnelles aux nombres 1, 21, 378 et 5670.

151. Soit N le nombre qui a été partagé. — Les parties sont proport.^{elles} aux nombres $2\frac{1}{2}$, $3\frac{1}{5}$, 8 et 9. — La somme de ces nombres est $2\frac{1}{2} + 3\frac{1}{5} + 8 + 9 = 22,7$. D'après la règle du n° 134, on doit avoir :

$$\frac{5}{22,7} \times 2,50 = 175. \qquad \text{D'où } S \times 2,50 = 175 \times 22,7 \text{ et } S = \frac{175 \times 22,70}{2,50} = 1589.$$

Réponse. 1589.

152.

4e partie = 5^e × 6	La 5e partie étant . . . 1
3e partie = 4^e × 5	La 4e partie est . . . 6
2e partie = 3^e × 4	La 3e 30
1re partie = 2^e × 3	La 2e 120
	La 1re 360

517.

On peut achever la solution de ce problème en suivant la marche indiquée dans les questions précédentes ou en partageant 625252625 en parties proportionnelles aux nombres 1, 6, 30, 120 et 360. — On trouve en employant cette dernière méthode que

$$\text{La première partie est } \frac{625252625 \times 360}{517} = 435379003,20$$
$$\text{La deuxième } \frac{625252625 \times 120}{517} = 145126334,40$$
$$\text{La troisième } \frac{625252625 \times 30}{517} = 36281583,60$$
$$\text{La quatrième } \frac{625252625 \times 6}{517} = 7256316,72$$
$$\text{La cinquième } \frac{625252625 \times 1}{517} = 1209386,12$$
$$\text{Total . . . } 625252625,04$$

153. Réponse. 611,26 ; 261,97 ; 366,76.

154. Réponse. 5590 fr. 06 ; 3726 fr. 70 ; 2683 fr. 23.

155. Réponse. 80 au premier, 40 au second, 20 au troisième.

156. Réponse. 250, 300 et 140.

157. Les intérêts des $\frac{2}{3}$ de sa fortune sont de $200 \times 9 = 1800$ fr. et les $\frac{2}{3}$ de sa fortune de $\frac{100 \times 1800}{4,50} = 40000$ fr. — La fortune totale de cette personne est par conséquent de $\frac{40000 \times 3}{2} = 60000$ fr. —

La somme à partager entre ses trois neveux n'est que de $60000 - 40000 = 20000$ fr.

En appliquant ensuite la règle des partages inversement proportionnels on trouve que la part de l'aîné est 4615 fr. 38 ; celle du cadet 6153 fr. 84 et celle du plus jeune 9230 fr. 76. —

158. On aura évidemment la part de chacun des trois frères en partageant 64000 f. en parties inversement proportionnelles aux nombres $3\frac{1}{3}$, $4\frac{5}{7}$ et $5\frac{1}{4}$. — On trouvera 27332 fr. 17 pour la part du plus jeune ; 19322 fr. 23 pour la part du cadet et 17350 fr. 59 pour la part de l'aîné. —

162. Réponse. 2181 fr. 70 ; 2756 fr. 06 ; 1532 fr. 12 ; 1040 fr. 11.

163. Réponse. 3049 fr. ; 790 fr. 48 ; 2858 fr. 44 ; 2202 fr. 06.

164. Somme totale reçue par les associés : 212500 f. + 255000 f. + 382500 f. = 850000 francs. — Perte des trois associés : 1000000 − 850000 = 150000 francs.

Les sommes reçues par les associés étant proportionnelles à leurs parties, on aura la perte subie par chacun d'eux en partageant 150000 fr. en parties proportionnelles aux nombres 212500, 255000 et 382500. — On trouvera 37500 fr. pour la perte du 1er, 45000 f. pour celle du 2e et 67500 f. pour celle du 3e.

165. 720 fr. ; 1260 fr. ; 660 fr.

166. Réponse. 3876 fr. 57 ; 5123 fr. 42.

167. Réponse. 2115 fr. 51 ; 2377 fr. 44 ; 1507 fr. 05.

168. Réponse. 4800 fr. ; 3200 fr.

169. Les mises sont proportionnelles aux bénéfices.

mise de la 1ʳᵉ personne : $\frac{25000 \times 500}{800} = 15625$ fr.

Mise d. la 2ᵉ personne : $\frac{25000 \times 300}{800} = 9375$ fr.

Réponse. 15625 fr. ; 9375 fr.

170. Réponse. 1000 fr. ; 900 fr. ; 600 fr.

171. Soient a et b les mises ; — c et d les bénéfices. — Les bénéfices sont proportionnels aux mises donc :

$$\frac{a}{c} = \frac{b}{d} \;\Big|\; \frac{a+c}{a} = \frac{b+d}{b} \;\Big|\; \frac{(a+c)+(b+d)}{a+b} = \frac{a+c}{a} \;\Big|\; \frac{14025+11475}{2000} = \frac{14025}{a} \;; \text{ d'où}$$

$$a = \frac{2000 \times 14025}{14025+11475} = \frac{28050000}{25500} = 11000 \text{ francs.}$$

On trouvera de même que $b = \frac{2000 \times 11475}{25500} = 9000$ fr. $\Big| \; 20000$ fr.

Réponse. 11000 fr. ; 9000 fr.

172. Réponse. La mise du 1ᵉʳ est de 16000 fr. et son bénéfice de 4000 fr. ; la mise du second est de 14000 fr. et son bénéfice de 3500 francs. —

173. Réponse. 5127 fr. 27 ; 4577 fr. 22 ; 5294 fr. 80.

179. Réponse. 200 litres à 0 fr. 65 et 100 litres à 0 fr. 80.

180. Réponse. 1 hl. 45 à 35 fr. et 2 hl. à 38 fr. 45.

181. Réponse. Une des solutions du problème est : 25 kg. à 1 f. 80 ; 35 kg. à 2 fr. 30 ; 35 kg. à 2 fr. 25.

182. Réponse. 3 fr. 88.

183. $0,65 = \begin{cases} 0,55 + 0,10 \\ 0,80 - 0,15 \end{cases}$ d'où $\begin{cases} 15\ \text{lit. à } 0,55 \\ 10\ \text{lit. à } 0,80 \end{cases}$ ou $\begin{cases} 3\ \text{lit. à } 0,55 \\ 2\ \text{lit. à } 0,80 \end{cases}$

A 2 litres à 0,80, on doit en ajouter 3 à 0 fr. 55

1 lit. . . . . $\frac{3}{2}$

34 lit. . . . . $\frac{3 \times 34}{2} = 51$ lit.

Réponse. 51 litres.

184. $0,40 = \begin{cases} 0,60 - 0,20 \\ 0 \; + 0,40 \end{cases}$ d'où $\begin{cases} 40\ \text{lit. à } 0,60 \\ 20\ \text{lit. à } 0 \end{cases}$ ou $\begin{cases} 2\ \text{lit. à } 0,60 \\ 1\ \text{lit. à } 0. \end{cases}$

A 2 litres à 0,60, on ajoute 1 litre d'eau

1 lit. . . . . $\frac{1}{2}$

30 lit. . . . . $\frac{1 \times 30}{2} = 15$ lit.

Réponse. 15 litres.

Autre solution. L'eau ne coûtant rien, le prix du mélange est évidemment de $0,60 \times 3 = 18$ fr. — Le prix du litre du mélange étant 0 fr. 40, le mélange contient $\frac{18}{0,40} = 45$ litres. — On doit donc ajouter $45 - 30 = 15$ litres d'eau.

185. Réponse. 0 f. 825.

186. Réponse. 3 stères 70 de chêne et 2 stères de tremble.

187. Réponse. 125 litres.

188. Réponse. 0,840.

189. Réponse. 2 Kg. 666 au titre de 0.9 et 1 Kg. 333 au titre de 0,750.

190. Réponse. Une des solutions du problème est : 3 litres à 3 fr. 20, 4 litres à 2 fr. 50, 13 litres à 1 fr. 80 et 10 litres à 4 fr. 10.

191. Réponse. Une des solutions du problème est : 28 Kg. à 4 francs, 14 Kg. à 3 fr. 40, 14 Kg. à 3 fr. 10, 14 Kg. à 3 fr. et 0 Kg. à 3 fr. 50.

192. Réponses. 1° 37 fr. 05 ; 2° 8 fr. 40.

194. Réponse. 76.

195. Réponse. 0 fr. 75.

Problèmes de récapitulation

1. Réponse. 120 mètres.

2. Pour $\frac{5}{6}$ de journée on a payé 3 fr. 30

$$3,30$$

$\frac{5}{6}$ ou $\frac{7}{7}$ . . . . . $3,30 \times 6$

$$3,30 \times 6$$

$9\frac{2}{7}$ ou $\frac{65}{7}$ . . . . . $\dfrac{3,30 \times 6 \times 65}{5 \times 7} = 36$ fr. 77

Réponse. 36 fr. 77.

3. Réponse. $\frac{12}{15}$ et $\frac{21}{15}$.

4.

Ouvriers	heures		profondeur	larg.	long.
20 ouvriers	6 h.	15 j.	4 m.	8 m.	x

$$x = \frac{40 \times 3 \times 7 \times 20 \times 6 \times 15}{15 \times 8 \times 12 \times 4 \times 7} = 39 \text{ m. } 375$$

Réponse. 39 m. 375.

5. Réponse. Il revient à la 1ère 1068 fr., à la 2ème 1869 fr. et à la 3e 2403 francs.

6.

75 litres à 3 fr. 75 valent . . . $3,75 \times 75 = 281$ fr. 25

25 litres à 1 fr. 75 . . . $1,75 \times 25 = 43$ fr. 75

37 litres à 2 fr. 35 . . . $2,35 \times 37 = 88$ fr. 47

137 lit. 65 du mélange valent . . . 413 fr. 47

1 lit. . . . . . $\dfrac{413,47}{137,65} = 3$ francs.

Le problème est ramené à celui-ci :

Combien faut-il ajouter de litres d'un liquide à 0 fr. 95 à 137 lit. 65 d'un autre liquide à 3 fr. pour que le nouveau mélange revienne à 1 fr. 45

$$1,45 = \left\{ \begin{array}{l} 0,95 + 0,50 \\ 3 \quad - 1,55 \end{array} \right) \text{ d'où } \left\{ \begin{array}{l} 155 \text{ à } 0 \text{ fr. } 95 \\ 50 \text{ à } 3 \text{ fr.} \end{array} \right\} \text{ ou } \left\{ \begin{array}{l} 31 \text{ à } 0 \text{ fr. } 95 \\ 10 \text{ à } 3 \text{ fr.} \end{array} \right.$$

Quand on prend 10 lit. à 3 fr. il faut en prendre 31 à 0 fr. 95

1 lit. . . . . .

137 lit. 65 . . . . . $\dfrac{31 \times 137,65}{10} = 426$ lit. 715

Réponse. 426 lit. 715.

7. Le mélange contient $5,75 + 12,24 = 18$ lit. 15.

Sur 18 lit. 15 du mélange il y a 17 lit. 40 d'eau

1 lit. . . . . . $\dfrac{17,40}{18,15} = 0$ lit. 684 d'eau

De même sur 1 litre du mélange il y a $\dfrac{5,75}{18,15} = 0$ lit. 316 de vin.

Réponse : 0 lit. 684 d'eau et 0 lit. 316 de vin.

8. Le mélange contient $7,40 + 30,80 = 38$ lit. 20.

— Sur 38 lit. 20 il y a 7 lit 40 d'eau et 30 lit. 80 de cidre

. . . 1 lit . . . . . $\frac{7,40}{38,20} =$ 0 lit. 19 d'eau et $\frac{30,80}{38,20} =$ 0 lit. 80 de cidre.

Rép. 0 lit. 19 d'eau et 0 lit. 80 de cidre.

9. Réponse $\frac{2,50}{9} = 0$ kg 277.

10. Réponse $\frac{1,40 \times 35}{35} = 1$ m. 40.

11. Réponse. $\frac{30 \times 1,40}{1,20} = 35$ m.

12. Réponse. 40 mois.

13. Réponse. 4 francs.

14. Réponse. 864 francs.

15. Réponse. 4 francs.

16. Réponse. Dans 4 mois.

. Réponse. 6 francs.

... Pour dorer un fil de 200 km. il faut 1 gr.

. . . 1 km. . . . $\frac{1}{200}$

. . . 40000 km. . . . $\frac{40000}{200} = 200$ gr.

La valeur d'un gramme d'or pur étant 3 f. 44 (voir n° 17 des problèmes donnés dans les concours publics), celle de 200 grammes est de 3,44 × 200 = 688 fr. 88.

Rép. 1° 200 grammes ; 2° 688 fr. 88.

18. L'eau ne coûtant rien, le prix du mélange est de 2 × 65 = 130 francs. Si ce marchand veut vendre la bouteille 1 fr. 80, il pourra en vendre $\frac{130}{1,80} = 72$ bout. 22.

Il devra donc ajouter à ses 65 bouteilles d'eau-de-vie 72 — 65 = 7 bout. 22 d'eau.

Réponse. 7 bout. 22.

20. 1 fr. en 6 ans rapporte $\frac{5 \times 6}{100} = 0$ fr. 30. — Par conséquent 1 fr. est devenu au bout de 6 ans, 1 fr. 30. — Nous dirons donc :

1 fr. 30 sont le produit de 1 fr.

1 fr.

23400 fr. . . . . . $\frac{1 \times 23400}{1,30} = 18000$ francs

Réponse. 18000 francs. —

21. Je cherche l'intérêt de 1 fr. à 4,50 pour % pendant les 3 ans ou 15 mois, il est de $\frac{4,50 \times 15}{1200} = 0$ fr. 056. — 1 fr. au bout de 15 mois est donc devenu avec ses intérêts, 1 fr. 056.

1 fr. 056 viennent de 1 fr. de capital

1 fr.

2380 fr. . . . . . $\frac{1 \times 2380}{1,056} = 2253$ fr. 95.

L'intérêt rapporté par ce capital est de 2380 — 2253,95 = 126 fr. 95.

Réponse. 126 fr. 95.

22. Quand la difficulté est 6, et arrose fait 30 mètres

30 × 5

$\frac{30 \times 5}{7} = 21$ m. 43

Réponse. 21 m. 43.

23. Pour faire une pièce 3 fois moins longue, il faudra 3 fois moins de temps ou $30 : 3 = 10$ jours.

24. Surface de la première salle : $215 \times 150 = 32250$ m².
Surface de la deuxième salle : $185 \times 124 = 22940$ m².
Pour paver 32250 m² en 40 j. travaillant 6 h. par j. il faut 314 ouvriers
22940 m² . . 18 j. . . . . 12 h. x

$$x = \frac{314 \times 40 \times 6 \times 22940}{32250 \times 18 \times 12} = 248 \text{ ouvriers}$$

Réponse. 248 ouvriers.

25. Réponse. $\frac{6 \times 9540 \times 3}{100} = 1717$ fr. 20

26. La ration étant $\frac{5}{5}$, 1200 hommes ont des vivres pour 6 mois
. . . . . . $\frac{1}{5}$, 1200 hommes . . . . . . 6×5 . .
. . . . . . $\frac{1}{5}$, 1 homme . . . . . . $6 \times 5 \times 1200$
. . . . . . $\frac{1}{5}$, 1000 hommes . . . . . . $\frac{6 \times 5 \times 1200}{1000}$
. . . . . . $\frac{6}{5}$, 1000 hommes . . . . . . $\frac{6 \times 5 \times 1200}{1000 \times 6} = 6$ mois.

Réponse. 6 mois.

27. 5400 fr. au taux de 4.50 donnent $\frac{4.50 \times 5400}{100}$ = 243 fr. d'int.
8600 fr. au taux de 3 fr. 75 donnent $\frac{3.75 \times 8600}{100}$ = 322 fr. 50 . .
7200 fr. au taux de 5 fr. donnent $\frac{5 \times 7200}{100}$ = 360 fr.
21200 fr. donnent en somme . . . . 925 fr. 50 d'int.

Ces 21200 fr. doivent donner au bout d'une seconde année 925 fr. 50 + 346 fr. 50 = 1272 fr.
Pour % . . . . $\frac{1272 \times 100}{21200} = 6$ francs.

Réponse 6 francs.

28. Réponse. 4 fr. 36

29. 4 ouv. en 12 j. trav.t 7 h. par j. à une pièce large de 6 décim., ont fait 2 m. de long.
16 ouv. . 35 j. . . 8 h. ½ . . . 32 décim. . . . x

$$x = \frac{2 \times 16 \times 35 \times 8\frac{1}{2} \times 6}{4 \times 12 \times 7 \times 32} = \frac{5 \times 8\frac{1}{2}}{4 \times 2}$$

Mais le travail de la deuxième pièce est cinq fois plus difficile que celui de la première, et en outre les nouvelles ouvrières sont trois fois plus habiles que les premières. On aura donc la longueur cherchée en divisant l'expression précédente par 5 et en multipliant ensuite par 3. $x = \frac{5 \times 8\frac{1}{2} \times 3}{4 \times 2 \times 5} = 3$ m. 187.

Réponse. 3 m. 187.

30. Avec 28 kg. 5 de fil on a fabriqué une pièce de toile de 1 m. 25 de large sur 120 m. de long.
. . 40 kg. . . . . 0 m. 92 . . . x

$$x = \frac{120 \times 1,25 \times 40}{28,5 \times 0,92} = 228 \text{ m. } 83.$$

Réponse 228 m. 83.

31. Réponse. 4 fr. 50.

32. Rép. 1080 francs aux deux contre-m., 720 fr. aux 8 ouv., 540 fr. aux 6 apprentis; 432 francs aux 6 manœuvres.

33. 3 ouv. en 4 jours, la difficulté étant 4, font 30 m. d'ouvrage
12 ouv. en 6 j. . . . . 9, font x . .

$$x = \frac{30 \times 12 \times 6 \times 4}{3 \times 4 \times 9} = 80 \text{ mètres.}$$

Réponse. 80 mètres.

34.
$$0,70 = \begin{cases} 0,80 - 0,10 \\ 0 + 0,70 \end{cases} \text{ d'où } \begin{cases} 1 \text{ à } 0,70 \\ 7 \text{ à } 0,80 \end{cases}$$

Dans 8 lit. du mélange il y a 1 litre d'eau.
$$1 \text{ lit.} \quad \ldots \ldots \ldots$$
$$100 \text{ lit.} \quad \ldots \ldots \ldots \quad \frac{1 \times 100}{8} = 12 \text{ lit. } 50$$

Réponse. 12 lit. 50.

Autre solution. 100 litres du mélange reviennent à $0,70 \times 100 = 70$ francs. L'eau ne coûtant rien, la valeur du vin contenu dans ces 100 litres est aussi de 70 francs. Le vin coûtant 0,80 le litre, il y en a $70 : 0,80 = 87$ lit. 50 dans 100 litres du mélange. On devrait par conséquent ajouter $100 - 87,50 = 12$ lit. 50 d'eau à 12 lit. 50 de vin pour former un mélange de 100 litres à 0 fr. 70.

35. 37 ares 8 centiares ou 3708 ares $= 3708$ m². — Le prix d'achat est de $0,45 \times 3708 = 1668$ fr. 60. — Le capital cherché a donc produit en 10 ans 5 mois ou 125 mois, 1668 fr. 60 d'int. — Ce capital est $\frac{100 \times 12 \times 1668,60}{3 \times 125} = 5339$ fr. 52.

Réponse. 5339 fr. 52.

36. Chacune des deux premières parties étant 3, la troisième sera 2. — Il faut diviser 48 en parties proportionnelles aux nombres 3, 3, 2. — Chacune des deux premières parties sera $\frac{48 \times 3}{8} = 18$, et la troisième $\frac{48 \times 2}{8} = 12$.

37. Pour faire 36 m³ de déblai 7 ouv. ont mis 8 heures.
$$54 \text{ m}³ \quad \ldots \quad 13 \text{ ouv.} \quad \ldots \quad x$$
$$x = \frac{8 \times 7 \times 54}{36 \times 13}$$

Mais ces derniers ouvriers travaillant 2 fois plus vite que les premiers, on mettra
$$\frac{8 \times 7 \times 54}{36 \times 13 \times 2} = 3 \text{ heures } 13 \text{ minutes.}$$

Réponse. 3 h. 13 m.

38. Réponse. 2 fr. 78.

39. Int. de 4527 fr. 25 pendant 18 m. en raison de 4,50 pour % :
$$\frac{4,50 \times 4527,25 \times 18}{1200} = 305 \text{ fr. } 58.$$

Int. de 5254 fr. 25 à 5 pour % pendant 1 an. $\frac{5 \times 5254,25}{100}$ . . . 262 fr. 71

Int. de 4527 fr. 25 à 4,5 p % pendant 1 an. $\frac{4,50 \times 4527,25}{100} = 203$ fr. 71

La 2ᵐᵉ somme rapporte en 1 an, de plus que la première, ... 59 fr.

Pour donner le même int. ces deux sommes devront donc encore être placées pendant $305,58 : 59 = 5$ ans 2 mois 5 jours

40. à $\frac{3}{4}$ de large il faut prendre 20 mèt.
$$\frac{1}{4} \quad \ldots \ldots \ldots \quad 20 x$$
$$\frac{4}{4} \text{ ou } \frac{1}{1} \quad \ldots \ldots \quad 20 x$$
$$\frac{3}{1} \quad \ldots \ldots \quad 20 \times 3 x$$
$$\frac{3}{5} \quad \ldots \quad \frac{20 \times 3 x}{4 \times 5} = 21 \text{ mètres}$$

Réponse. 21 m.

41.
$$0,40 = \begin{cases} 0,45 - 0,05 \\ 0,33 + 0,07 \end{cases} \text{ d'où } \begin{cases} 5 \text{ lit. à } 0,33 \\ 7 \text{ lit. à } 0,45 \end{cases}$$

à 5 lit. à 0,33 on devrait en ajouter 7 à 0,45
$$1 \text{ lit.} \quad \ldots \ldots \ldots$$
$$72 \text{ lit.} \quad \ldots \ldots \quad \frac{7 \times 12}{5} = 100 \text{ lit. } 80.$$

Le mélange se composerait de 72 lit. à 0,33 + de 100 lit. 80 à 0,45 et il aurait une valeur de $0,33 \times 72 + 0,45 \times 100,80 = 69$ fr. 12. — Pour gagner 15, on devrait revendre le litre du mélange $\frac{69,12 \times 65}{72 + 100,80} = 0$ fr. 43.

Réponses. 1° 100 lit. 80 ; 2° 0 fr. 43. —

42. 6 francs d'escompte pour une échéance de 360 j. viennent de 100 francs

7 fr. 456 . . . . 96 j. x

$$x = \frac{100 \times 360 \times 1,456}{6 \times 96} = 466 \, fr.$$

Réponse. 466 francs.

43. 1 fr. au bout de 3 ans est devenu $1,04^3 = 1$ fr. 125. — 1 fr. 125 rapportent en 4 mois 20 jours ou en 140 jours $\frac{4 \times 1,125 \times 140}{36000} = 0$ fr. 0175. — Au bout de 3 ans 4 mois 20 jours, 1 fr. est donc devenu $1,125 + 0,0175 = 1$ fr. 1425.

1 fr. 1425 viennent de 1 franc.

1 fr. . . . . $\frac{1}{1,1425}$

8629 fr. 37 . . . . . . $\frac{1 \times 8629,37}{1,1425} = 7553 \, fr. \, 06.$

Réponse. 7553 fr. 06. —

44. 7 h. 12 m. = 432 m., 6 h. 15 m. = 375 minutes.

4 ouv. travaillant 432 m. par j. pour labourer 98 ares ont mis 7 jours.

5 ouv. . . . . . . 375 m . . . . 278 a. 85 . . . x

$$x = \frac{7 \times 4 \times 432 \times 278,85}{5 \times 375 \times 98} = 18 \, j. \, 2 \, h.$$

Rép. 18 j. 2 h.

45. Le montant du billet se compose évidemment de 200 francs + de 400 fr. + de l'int. de 200 fr. pendant $10 - 8 = 2$ mois + de l'int. de 400 fr. pendant $10 - 4 = 6$ mois.

Int. de 200 fr. pendant 2 mois : $\frac{2 \times 200 \times 4}{1200} = 3$ fr.

Int. de 400 fr. pendant 6 mois : $\frac{6 \times 400 \times 4}{1200} = 13$ fr.

Réponse. 616 francs. Total . . . 616 fr.

46. 105 francs sont le produit de 100 fr.

1 fr. . . . . $\frac{100}{105}$

1000 fr. . . . . $\frac{100 \times 1000}{105} = 9523 \, fr. \, 80.$

Réponse. 9523 fr. 80.

47. Le titre étant le rapport de la quantité d'or ou d'argent pur contenu dans un lingot, au poids total, on aura le titre demandé en divisant 20 par 25. $20 : 25 = 0,800.$ — Réponse. 0,800. —

48. Réponse. 0,888. — 49. Réponse. 0,732.

50. 4 kg. 244 gr. d'argent au titre de 0,9 contiennent $4,244 \times 0,9 = 3$ kg. 8196 d'argent pur. — 1 kg. d'argent pur valant 220 fr. 55. 3 kg. 8196 valent $220,55 \times 3,8196 = 842$ fr. 413. — 1 kg. d'or pur valant 3437 fr., 842 fr. 413 sont évidemment le prix de $842,413 : 3437 = 245$ gr. 10 d'or pur. — L'or donné en échange étant au titre de 0,9%, il en résulte que

les 75 centièmes du poids de cet or $= 245$ gr. 1

1 . . . . $\frac{245,1}{75}$

100 centièmes . . . . $\frac{245,1 \times 100}{75} = 326 \, gr. \, 80.$

Réponse. 326 gr. 80. —

51. $0,720 = \begin{cases} 0,640 + 0,080 \\ 0,780 - 0,060 \end{cases}$ et $\begin{cases} 8 \, kg. \, à \, 0,640 \\ 8 \, kg. \, à \, 0,780 \end{cases}$ ou $\begin{cases} 3 \, kg. \, à \, 0,640 \\ 4 \, kg. \, à \, 0,780 \end{cases}$

L'alliage doit être fait dans la proportion de 8 kg. au titre de 0,640 pour 4 kg. au titre de 0,780. —

Pour 8 kg. au titre de 0,640, on en prend 4 au titre de 0,780

1 kg. . . . . id. . . . . . $\frac{4}{8}$

40 kg. . . . . id. . . . . . $\frac{4 \times 40}{8} = 20$ kg. au titre de 0,780.

Réponse. 20 kg.

52. $\frac{11}{12} = 0,9166\ldots$

$\left.\begin{array}{l} 0,916 - 0,016 \\ 0 + 0,900 \end{array}\right\}$ d'où $\left.\begin{array}{l} 16 \text{ à } 0 \\ 900 \text{ à } 0,916 \end{array}\right\}$ ou $\left.\begin{array}{l} 4 \text{ à } 0 \\ 225 \text{ à } 0,916 \end{array}\right.$

à 225 gr. au titre de 0,916 ou de $\frac{11}{12}$ il faut en ajouter 4 de cuivre.

$\frac{4}{\frac{225}{\frac{4 \times 2500}{225}}} = 0\,Kg.044$

2 kg.5 ou 2500 gr.

Réponse 0 Kg 044.

53. 2 ans $\frac{1}{2}$ = 30 mois, 30 m — 11 m = 19 m.

Int. pour 19 mois de la somme cherchée : 6825 - 6302,50 = 522 fr.50.

Int. pour 11 mois de la même somme : $\frac{522.50 \times 11}{19} = 302$ fr.50

Somme cherchée : 6302.50 - 302.50 = 6000 francs.

Taux auquel cette somme aurait été placée : $\frac{302.50 \times 100 \times 12}{6000 \times 11} = 5$ fr.50.

Rép. 1° 6000 fr. ; 2° 5 fr.50.

54. 1ᵉʳ associé, 1200 fr. pendant 24 m. ont produit le même bénéfice

que 1200 × 24 = 28800 fr. pendant 1 mois . . . . 28800 fr.

2ᵉ associé, 2000 fr. pendant 24 - 8 = 16 mois, ont produit le même

bénéfice que 2000 × 16 = 32000 fr. pendant 1 mois . . . . 32000 fr.

3ᵉ associé, 3000 fr. pendant 18 - 12 = 6 mois, ont produit le

même bénéfice que 3000 × 6 = 18000 fr. pendant 1 mois . . . . $\left.\begin{array}{l} 18000 \\ 18000 \end{array}\right\}$ 18000 fr.

6000 fr. pendant 6 - 3 = 3 mois ont produit le même bénéfice que

6000 × 3 = 18000 fr. pendant 1 mois

Total . . . 54800 fr.

Bénéfice à partager proportionnellement aux mises : 3000 - 600 = 4800 fr.

Bénéfice du 1ᵉʳ associé : $\frac{4800 \times 28800}{54800} = 2327$ fr.96

Bénéfice du 2ᵉ associé : $\frac{4800 \times 32000}{54800} = 2804$ fr.07 $\left.\begin{array}{l} 4800 \text{ fr.} \end{array}\right.$

Bénéfice du 3ᵉ associé : $\frac{4800 \times 18000}{54800} = 1576$ fr.

55. Prix moyen : 2000 : 2000 = 1 franc.

$1 = \left\{\begin{array}{l} 3,50 - 2,50 \\ 1,50 - 0,50 \\ 0,50 + 0,50 \end{array}\right\}$ d'où $\left\{\begin{array}{l} \\ \\ \end{array}\right\}$ ou $\left\{\begin{array}{l} \\ \\ \end{array}\right\}$ ou $\left\{\begin{array}{l} 1 \text{ à } 0,50 \\ 1 \text{ à } 3,50 \\ 1 \text{ à } 1,50 \end{array}\right.$

En partageant 2000 en parties proportionnelles aux nombres 6, 1 et 1, on trouve

pour une des combinaisons 1500 cahiers à 0,50 ; 25 à 3,50 et 25 à 3,50.

56. Quantité de calicot employée pour 54 douz. de chemises : 3,15 × 54 = 170 m.10.

Valeur de ce calicot : 1,45 × 170.10 = 246 fr.645

Montant de l'escompte : $\frac{4.50 \times 246.645}{100} = $ 11 fr.099

Prix de revient du calicot 235 fr.546

Prix pour la façon des 54 chemises 1,75 × 54 = 94 fr.50

Montant de la dépense 330 fr.056

57. Réponse 1700 francs

58. Poids du nouveau lingot : 11,075 + 0,856 = 11 Kg.931

Quantité d'argent pur contenu dans ce lingot : 11,931 × $\frac{3}{5}$ = 10 Kg.7373

Titre du lingot de 11 Kg 931 : 10,7379 : 11,070 = 0,970.

Réponse : 0,970.

59. Poids du 1ᵉʳ lingot : 412 + 235 = 647 Kg ; titre de ce lingot : 412 : 647 = 0,636.

Poids du 2ᵉ lingot : 170 + 45 = 215 Kg ; titre de ce lingot : 170 : 215 = 0,790

titre du 3ᵉ lingot : 100 : 150 = 0,666

$$0,664 = \begin{cases} 0,636 + 0,030 \\ 0,740 - 0,124 \end{cases} \text{d'où} \begin{cases} 124 \text{ à } 0,636 \\ 30 \text{ à } 0,740 \end{cases} \text{ou} \begin{cases} 62 \text{ à } 0,636 \\ 15 \text{ à } 0,740. \end{cases}$$

Il reste à partager 150 en parties proportionnelles aux nombres 62 et 15. — En faisant ce partage on trouvera 120 kg. 779 du premier lingot et 29 kg. 221 du second.

$$60^{\circ}. \quad 0,940 = \begin{cases} 0,850 + 0,08 \\ 0,930 - 0,03 \end{cases} \text{d'où} \begin{cases} 5 \text{ à } 0,930 \\ 3 \text{ à } 0,850 \end{cases}$$ Il reste à partager 1600 en parties prop.^{les} aux nombres 5 et 3. — En faisant ce partage, on trouvera 1000 au titre de 0,930 et 600 gr. au titre de 0,850.

61. Réponse. 358 fr. 45.

62. Le premier paiement de 100 fr. ayant porté int. pendant 1 mois, le deuxième pendant 2 mois, le troisième pendant 3 mois . . . . c'est comme si cette personne avait eu à payer les int. de 100 fr. pendant $1+2+3+4 . . . +12$ ou 78 mois . — Or, les int. de 100 fr. pendant 78 mois sont de $\frac{6 \times 78}{12} = 39$ francs.

Réponse. 39 francs. —

63. Après l'ouverture du canal la tonne ne coûte plus que $3,50 \times 10 = 35$ francs; il y a donc sur une tonne un bénéfice de $50 - 35 = 15$ francs et sur 7675 tonnes un bénéfice de $15 \times 7675 = 115125$ francs. — Le capital demandé est donc de $\frac{100 \times 115125}{4,50} = 2558333 \text{ f. } 33.$

64. Supposons la somme placée de 100 francs — Les $\frac{4}{5}$ de 100 francs ou 80 francs placés à 4 pour % donnent un int. de $\frac{4 \times 80}{100} = 3 \text{ fr. } 20$, et le $\frac{1}{5}$ de 100 fr. ou 20 fr. placés à 5 p.% un int. de 1 fr. — Donc un capital de 100 fr. dont les $\frac{4}{5}$ seraient placés à 4 p.% et le $\frac{1}{5}$ à 5 p.%, donnerait un int. de 4 fr. 20. — La somme placée est par conséquent de

Rép. 91000 francs. $\qquad \frac{100 \times 3822}{4,22} = 91000$ francs. —

65. Int. de 6000 fr. à 5 p.% pendant 5 ans :
$$\frac{5 \times 6000 \times 5}{100} = \begin{array}{r} 6000 \text{ fr.} \\ 1500 \text{ fr.} \end{array}$$
Au bout de 5 ans, 6000 fr. augmentés de leurs int. seraient devenus . 7500 fr.

Int. de 4000 fr. à 5 p.% pendant 5 ans :
$$\frac{5 \times 4000 \times 5}{100} = \begin{array}{r} 4000 \text{ fr.} \\ 1000 \text{ fr.} \end{array}$$
Au bout de 5 ans, 4000 augmentés de leurs int. seraient devenus . 5000 fr.

3000 fr. étant donnés en 5 paiements égaux d'année en année, chaque paiement serait de $3000 : 5 = 600$ fr. et rapporteraient au vendeur, savoir :

$$\begin{aligned} &\text{Le premier paiement} & \frac{5 \times 600 \times 4}{100} &= 120 \text{ francs} \\ &\text{Le 2}^{\text{eme}} & \frac{5 \times 600 \times 3}{100} &= 90 \text{ fr.} \\ &\text{Le 3}^{\text{eme}} & \frac{5 \times 600 \times 2}{100} &= 60 \text{ fr.} \\ &\text{Le 4}^{\text{eme}} & \frac{5 \times 600 \times 1}{100} &= 30 \text{ fr.} \\ &\text{Le 5}^{\text{eme}} \text{ ne rapporterait pas d'int.} \\ & & \text{Total} \quad &300 \text{ fr.} \end{aligned}$$

Le second marché rapportant donc au vendeur $5000 + 3000 + 300 = 8300$ fr.; il serait plus avantageux que le premier de $8300 - 7500 = 800$ francs. —

66. Le marchand avait obtenu un escompte de $\frac{5 \times 6500 \times 10}{100} = 270$ fr. 83. et il avait acheté le drap $6500 + 270,83 = 6770$ fr. 83. — La quantité de mètres était de $6770,83 : 12 = 564,28$ et la longueur de la pièce de $564,28 : 15 = 37$ m. 60. —

67. $\qquad$ Sur 100 fr. on lui revient 12 fr. 50.
$$\begin{aligned} 1 \text{ f.} & & \frac{12,50}{100} \\ 17520 \text{ fr.} . . . & & \frac{12,50 \times 17520}{100} &= 2190 \text{ fr.} \end{aligned}$$

Il doit donc recevoir $17520 - 2190 = 15330$ fr. —

68. $\quad$ 7 lit. à 1 fr. 30 valent $1,30 \times 7 = 9$ fr. 10
$\quad$ 9 lit. à 0 fr. 80 valent $0,80 \times 9 = 7$ fr. 20
$\quad$ 16 lit. du mélange valent $\underline{ 16 \text{ fr. } 30}$

$$\begin{aligned} \text{Sur 100 fr. il veut gagner } & 12 \text{ fr.} \\ 1 \text{ fr.} & \quad \frac{12}{100} \\ 16 \text{ f. } 30 . . . & \quad \frac{12 \times 16,30}{100} = 1 \text{ fr. } 956. \end{aligned}$$

Il devra donc revendre les 16 lit. du mélange $16,30 + 1,956 = 18$ fr. 256 et le litre $18,256 : 16 = 1$ fr. 14.

Réponse. 1 fr. 40.

69. La première part étant 1, la deuxième est $\frac{5}{2}$ et la troisième $\frac{5}{2} \times \frac{4}{7} = \frac{20}{14}$. Le problème revient donc à partager 400 en parties proportionnelles aux nombres 1, $\frac{5}{2}$ et $\frac{20}{14}$. — On trouve 81 fr. 16 pour la première part, 202 fr. 90 pour la deuxième et 115 fr. 94 pour la troisième. —

70. 538 lit. à 0 fr. 80 coûtent au marchand $0,80 \times 538 = 430$ fr. 40.

743 lit. à 0 fr. 55 $0,55 \times 743 = 408$ fr. 65

318 lit. à 0 fr. 35 $0,35 \times 318 = 111$ fr. 30

1599 lit. du mélange coûtent au marchand . . . . 950 fr. 35

Pour faire un gain de 89 fr. sur son achat, il devra revendre le mélange 950,35 + 89 = 1039 fr. 35, et le litre 1039 fr. 35 : 1599 = 0 fr. 65. —

S'il ajoutait 1 hectol. d'eau au mélange, il aurait 1599 + 100 = 1699 lit. ou 16 hl. 99; et s'il revendait ce nouveau mélange à raison de 80 fr. l'hectol., il recevrait $80 \times 16,99 = 1359$ fr. 20. — Il ferait alors sur 1599 lit. un bénéfice de 1359,20 − 950,35 = 408 fr. 85; et sur un litre un bénéfice de 408,85 : 1599 = 0 fr. 25. —

Rép. 1° 0 fr. 65 , 2° 0 fr. 25. —

71. $0,835 = \begin{cases} 0,800 + 0,035 \\ 1 \quad - 0,165 \end{cases}$ d'où $\begin{cases} 165 \text{ à } 0,800 \\ 35 \text{ à } 1 \end{cases}$ ou $\begin{cases} 33 \text{ à } 0,800 \\ 7 \text{ à } 1 \end{cases}$

Quand on ajoute 7 kg d'argent, le poids du 1er lingot est $33\frac{1}{2}$ kg.

$$\frac{33\frac{1}{2} \times 2}{7} = 9 \text{ kg. } 4285.$$

Le poids du nouveau lingot est donc de 9 kg. 4285 + 2 = 11 kg. 4285, et le nombre de pièces de 2 fr. qu'on pourrait faire de 11428,5 : 10 = 1142 pièces; il resterait 8 g. 5.

72. $0,950 = \begin{cases} 0,875 + 0,075 \\ 1 \quad - 0,050 \end{cases}$ d'où $\begin{cases} 75 \text{ à } 1 \\ 50 \text{ à } 0,875 \end{cases}$ ou $\begin{cases} 3 \text{ à } 1 \\ 2 \text{ à } 0,875. \end{cases}$

Réponse. 3 kg. —

Autre Solution. 2 kg. d'argent au titre de 0,875 contiennent $2 \times 0,875 = 1$ kg. 75 d'argent pur et 2 − 1,75 = 0 kg. 250 de cuivre. — La quantité de cuivre restant la même, il en résulte que 250 gr. représentent les $\frac{50}{1000}$ du poids du second alliage. — Donc

$$\text{les } \frac{\frac{50}{1000}}{\frac{1000}{1000}} \text{ du poids du 2e alliage} = 250 \text{ gr.}$$

$$\frac{250 \times 1000}{50} = 5 \text{ kg.} \; -$$

On devra donc ajouter 5 − 2 = 3 kg. —

73. Le mélange contient, de la 1re qualité, $140,50 \times \frac{5}{6} = 117$ lit. 083. — Il reste 140,50 − 117,083 = 23 lit. 417 du mélange qui contiennent, de la deuxième qualité, $23,417 \times \frac{2}{3} = 15$ lit. 611 et de la 3me, 23,417 − 15,611 = 7 lit. 806. —

117 lit. 083 à 0 fr. 65 le litre valent $117,083 \times 0,65 = 76$ fr. 103

15 lit. 611 à 0,57 $15,611 \times 0,57 = 8$ fr. 898

7 lit. 806 à 0,42 $7,806 \times 0,42 = 3$ fr. 278

Total   88 fr. 279.

Pour résoudre ce problème on pourrait encore raisonner ainsi :

Sur 1 lit. du mélange il y a, de la 1re qualité, $\frac{5}{6}$ ou $\frac{15}{18}$ de litre ;

. . . . de la 2e $\frac{2}{18}$

. . . . de la 3e $\frac{1}{18}$

Sur 18 lit. du mélange il y a, de la 1re qualité, 15 litres, de la 2e 2 lit. et de la 3e 1 lit.

15 lit. à 0 fr. 65 valent $0,65 \times 15 = 9$ fr. 75

2 lit. à 0,57 $0,57 \times 2 = 1$ fr. 14

1 lit. à 0 fr. 42 $0,42 \times 1 = 0$ fr. 42

18 lit. du mélange valent   11 fr. 31

1 lit. $\frac{11,31}{18}$

140 lit. 50 $\frac{11,31 \times 140,50}{18} = 88$ fr. 28. —

74. Au bout du nombre cherché d'années, les int. s'élèveront aux $\frac{6}{10}$ ou $\frac{3}{5}$ du capital.

Nous dirons donc :

Pour que les int. s'élèvent aux $\frac{3}{5}$ du capital il faut 8 ans.

$$\frac{8 \times 3}{2} = 12 \text{ ans.}$$

Réponse. 12 ans. —

75. Le capital qui a produit 2450 fr. est de $\frac{100 \times 2450}{5} = 49000$ francs. — Au bout de 11 ans cette personne possédait donc, capital et int. compris, $49000 + 674,10 = 49674,10$.

100 francs placés à 4 p. % donneraient au bout de 4 ans $4 \times 4 = 16$ francs d'int. — Donc 116 francs sont le produit de 100 francs;

$$\frac{\frac{100}{116}}{} \quad \frac{100 \times 49674,10}{116} = 42822 \text{ fr. } 50.$$

Réponse. 42822 fr. 50.

76. Réponse 35 jours.

77. Le négociant devrait jouir de 1675 francs pendant 6 mois ou de $1675 \times 6 = 10050$ fr. pendant 1 mois. — Il a joui de 810 fr. pendant 3 mois, ou de $810 \times 3 = 2430$ fr. pendant 1 mois. — Il lui reste à payer $1675 - 810 = 865$ fr., et il a encore droit aux intérêts de $10050 - 2430 = 7620$ fr. pendant 1 mois, combien de temps doit-il garder ces 865 francs pour en retirer le même int. que 7620 fr. en 1 mois !

7620 fr. rapportent un certain int. en 1 mois,

1 fr. pour rapporter le même int. sera 1×7620;

$$\frac{1 m. \times 7620}{865} = 8 m. 24 \text{ jours.}$$

865 fr.

Réponse. 8 m. 24 jours.

78. Le prix du mélange est de $128,75 \times (4\frac{1}{3} + 5\frac{2}{3}) = 1287$ fr. 035 ; et le prix des 4 hl. $\frac{1}{3}$ du premier est de $135,50 \times 4\frac{1}{3} = 580$ fr. 71. — Il est évident, d'après l'énoncé, que $1287,035 - 580 = 665$ fr. 325 représentent les $\frac{11}{3}$ du prix du deuxième vin contenu dans le mélange. Le prix est de $\frac{665,325 \times 100}{11} = 622$ fr. 73. —

51 l. $\frac{1}{3}$ de 540 l. coûtent 622 fr. 73.

$$\frac{622,73 \times 228}{540} = 262 \text{ fr. } 93.$$

Réponse. 262 fr. 93.

79. Rép. 1° 0,375 2° 2 kg. 150876.

80. L'escompte du billet est de $\frac{6 \times 10000 \times 90}{100 \times 360} = 150$ francs. — Sur son effet de 10000 fr., le banquier ne reçoit que $10000 - 150 = 9850$ francs. —

Cette personne aura donc à payer au banquier . . . . . . 9850 fr.

plus les int. de 9850 fr. à 6 p. % pendant 115 jours ou $\frac{6 \times 9850 \times 115}{36000} = $ . . . 188 fr. 79

plus le prix de la commission qui est de $\frac{1,50 \times 9850}{100} = $ . . . 147 fr. 75

Total . . . 10186 fr. 54

Réponse. 10186 fr. 54.

81. Le négociant devrait jouir de 16000 fr. pendant 10 mois = 16000 fr. pendant 1 mois. Il jouit de 6000 fr. pendant 16 mois ou $6000 \times 16 = 96000$ fr. pendant 1 mois. —

La somme qu'il a payé d'abord de $16000 - 6000 = 10000$ fr. a dû lui rapporter autant que $16000 - 96000 = 64000$ fr. pendant 1 mois ; combien de temps a-t-il dû garder ces 10000 fr. pour en retirer les int. de 64000 fr. pendant 1 mois!

Réponse. $\frac{1 m. \times 64000}{10000} = 6 m. 12 j.$

82.

La 1re et la 2me ont fait un bénéfice de	8900 fr.
La 2e et la 3e	7500 fr.
La 1re et la 3e	6400 fr.
Le double du bénéfice est de	22800 fr.

11400 fr. — Le bénéfice de la première personne est 1re P. 3e P. $11400 - 6400 = 5000$ fr. celui de la 3e de

$11400 - 8900 = 2500$ francs. — Les mises étant proportionnelles aux bénéfices, on aura la mise de chaque personne en partageant 57000 en parties proportionnelles aux nombres 3900, 5000 et 2500. — On trouvera que la mise de la 1ʳᵉ personne est de $\frac{57000 \times 3900}{11400} = 19500$ fr.; celle de la 2ᵉ de $\frac{57000 \times 5000}{11400} = 25000$ fr.; et celle de la 3ᵉ de $\frac{57000 \times 2500}{11400} = 12500$ fr. —

83. $1,25 = \begin{cases} 3,25 - 2 \\ 0,75 + 0,50 \end{cases}$ d'où $\begin{cases} 5 \text{ à } 3 \text{ fr. } 25 \\ 20 \text{ à } 0,75 \end{cases}$ ou $\begin{cases} 1 \text{ lit. à } 3 \text{ fr. } 25 \\ 4 \text{ lit. à } 0 \text{ fr. } 75 \end{cases}$

Le particulier doit faire son mélange dans la proportion de 1 lit. à 3 fr. 25 pour 4 lit. à 0,75. — Par conséquent, pour un mélange de 100 lit. il doit prendre $\frac{1 \times 100}{5} = 20$ lit. à 3 fr. 25 et $\frac{4 \times 100}{5} = 80$ lit. à 0,75. — Ce mélange de 100 litres vaut $1,25 \times 100 = 125$ fr. Or le particulier retire 10 litres qui valent $1,25 \times 10 = 12$ fr. 50; la quantité de vin qui lui reste ne vaut plus que $125 - 12.50 = 112$ fr. 50. — Comme il remplace ensuite les 10 litres qu'il a retirés par 10 litres de la première qualité, son nouveau mélange vaut alors $112.50 + 3,25 \times 10 = 145$ fr. et le litre revient à $145 : 100 = 1$ fr. 45.

Rép. 1° 20 lit. à 3 fr. 25 et 80 lit. à 0 fr. 75; 2° 1 fr. 45. —

84. — Si 4 fr. 50 sont produits par 92 fr. 50
1 fr. . . . . $\quad$ 92.50
170 fr. . . . . . . $\quad \frac{92.50 \times 170}{4.50} = 3494$ fr. 44.

Le cours s'élevant à 95 fr., à 97 fr. 50 puis à 100 fr., les capitaux nécessaires pour acheter la même rente seront successivement $\frac{95 \times 170}{4.50} = 3588$ fr. 88; $\frac{97 \times 170}{4.50} = 3664$ fr. 44; et $\frac{100 \times 170}{4.50} = 3777$ fr. 77.

On réalisera donc dans le 1ᵉʳ cas un bénéfice de 3588 fr. $88 - 3494,44 = 94$ fr. 40
2ᵉ cas ———— $3664,44 - 3494.44 = 170$ fr.
3ᵉ cas ———— 3777 fr. $77 - 3494,44 = 283$ fr. 30

85.   Escompte du premier billet : $\frac{6000 \times 6 \times 42}{36000} = 42$ fr.
Escompte du deuxième billet : $\frac{4000 \times 6 \times 35}{36000} = \underline{23 \text{ fr. } 33}$
$\qquad$ Total . . $\qquad 115$ fr. 33.

Pour compenser cette perte, le marchand devra livrer $115,33 : 9,50 = 12$ lit. 14.
Réponse 12 lit. 14. —————

Problèmes
donnés dans les concours publics.

1. Quand l'étoffe a 6 m. 75 de largeur, la longueur est 8 m. 92.

      1 m.

      1 m. 20

8.92×6.75

$\dfrac{8.92 \times 6.75}{1.20} = 50 \text{ m. } 17$

Réponse. 50 m. 17.

2. Le bénéfice net du pré est de $60 - 3.95 = 56 \text{ fr. } 05$

    1950 fr. rapportent 56 fr. 05.

    1 fr. . . . . $\dfrac{56.05}{1950}$

    100 fr. . . . . . $\dfrac{56.05 \times 100}{1950} = 2 \text{ fr. } 87$

Réponse. 2 fr. 87.

3. Pierre et Paul possèdent chacun $5.40 \times 18 = 97 \text{ fr. } 20$. — Paul ne dépensant que 3 fr. 60 par jour, son argent durera $97.20 : 3.60 = 27$ jours.

Réponse. 27 jours.

4. Le prix de 200 oranges est de $120 - 80 = 40$ francs, et le prix d'une orange de $40 : 200 = 0 \text{ fr. } 20$. — La première caisse contient donc $120 : 0.20 = 600$ oranges et la deuxième $80 : 0.20 = 400$.

5. Le prix d'achat des 680 moutons est de $\dfrac{680}{2} \times 60 = 20400 \text{ fr.}$ — Comme le marchand veut gagner 1360 francs, il devra les revendre $20400 + 1360 = 21760 \text{ fr.}$ — Mais il en a perdu 10, il devra donc revendre chaque mouton $21760 : 670 = 32 \text{ fr. } 47$.

6. À chaque coup la piocheuse détache $2.30 \times 0.17 = 0 \text{ m}^2 391$. — Comme elle frappe 40 coups par minute, elle détache en une minute $0.391 \times 40 = 15 \text{ m}^2 64$. — 1 hectare valant 100 ares ou 10000 m², le temps employé pour piocher un hectare est de $10000 : 15.64 = 639 \text{ m} = 10$ heures 39 m. — Le volume remué par chaque coup de pioche est de $2.30 \times 0.17 \times 0.45 = 0 \text{ m}^3 175950$ centim³. Le volume remué par 40 coups et par minute est de $0.175950 \times 40 = 7 \text{ m}^3 038$ et le volume remué par heure de $7.038 \times 60 = 422 \text{ m}^3 280$.

Réponses. 1° 10 h. 39 m. ; 2° 422 m³ 280.

7. Ce bec brûlant 270 hectol. de gaz en 86 heures, brûle en 8 h. ½ :

$\dfrac{270 \times 8 \frac{1}{2}}{86} = 17 \text{ hl. } 2674$. — En 86 heures on dépense 12 fr. 15 et en 1 h. $12.15 : 86 = 0 \text{ fr. } 14$.

$27^{\text{8 h.}}$ 1 l. valent 12000 lit. dont le volume est de 27000 décim³ ou 27 m³.

    27 m³ cubes de gaz coûtent 12 fr. 50.

    1 m³ . . . . . . $12.50 : 27 = 0 \text{ fr. } 45$.

Réponses. 1° 17 hl. 26 lit. 74 centil. ; 2° 0 fr. 14 ; 3° 0 fr. 45. —

8. 18 mètres de drap vaudraient 5×18 = 90 m. de mousseline. — Donc 25+90 ou 115 m. de mousseline valent autant que 18 mèt. de drap + 25 m. de mousseline, c'est-à-dire 500 francs. 1 m. de mousseline vaudra 500:115 = 4fr.34 et 5 m. ou la valeur d'un mètre de drap vaudront 4,34×5 = 21 fr.70. Rép. Le mètre de drap vaut 21 fr.70 et le mètre de mousseline 4 fr.34.

9. 34 ha. 29 a. 75 centia. ou 3429 a.75 à 15 fr.90 l'are, coûtent 15,90×3429,75 = 54533 fr.025. — Les frais d'achat et autres sont de 17,45×34,2975 = 598 fr.49. — Le coûte revient donc à 54533,025 + 548,49 = 55131 fr.516 —

Le marchand retire de cette coupe:

1° 15×34,2975 = 514 chênes environ qui valent 75×514 = 38550 fr.
2° 56×34,2975 = 1920 st.66 qui valent 7,45×1920,66 = 14308 fr.917
3° 1400×34,2975 = 48016 fag. qui valent 23,80×480,16 = 11427 fr. 80
Total 64286 fr. 717

Il a fait un bénéfice de 64286,717 - (55131,516 + 357,50) = 8797 fr.70.
Rép. 1° 55131 fr.52; 2° 64286 fr.72

10. On revend les moutons 250 × $\frac{52}{12}$ = 1083 fr.33
et la laine 129 fr.10
Total 1212 fr.43

On a gagné sur le marché 1212 fr.43 - 904 fr.25 = 308 fr.18. —

11. 27 douz. d'œufs à 0fr.55 la douz. valent 0,55×27 = 14 fr.85
9 kg.5 de beurre à 1fr.60 le kg. valent 1,60×9,5 = 15 fr.20
7 kg.25 de from. à 0fr.80 le kg. valent 0,80×7.25 = 5 fr.80
36 doub. décal. de p. de t. à 0fr.65 valent 0,65×36 = 23 fr.40
6800 pom à 0fr.45 le cent valent 0,45×68 = 30 fr.60
Total 89 fr.85

Si elle prélève 10 fr.30
et lui reste 79 fr.55

Elle pourra donc acheter 79,55 : 3,05 = 26 m.08.

12. Ce marchand a acheté pour 18,05×308 = 5559 fr.40
et il a revendu pour 19×42,65 = 810 fr.45
+ 20,5×106,30 = 2179 fr.15
Total 2089 fr.60

Il reste au marchand 308 m - (42,65 + 106,30) = 148 m 95 qu'il doit vendre 5559,40 + 738,34 - 2989,60 = 3308 fr.14
Il devra donc revendre le mètre 3308,14 : 148,95 = 20 fr.80.

13. Avec 3 kg.090 de farine on a fait 4 kg.635 gr. de pain.
1 kg. 4,635
157 kg.50 3,090
$\frac{4,635}{3,090}$ ×157,50 = 236 kg.25

Le nombre de pains de 3 kg. qu'on pourrait faire est de 236,25 : 3 = 78 p.3/4.

14. 43 ht.014 décal = 430 décal dont le prix est de 14,25×430,14 = 6129 fr.49
625 doub. décal. = 625×20 = 12500 lit. dont le prix est 1,10×12500 = 13750 fr.
1428 kg.35 doub. décag. = 143 kg.500 dont le prix est 1,70×143,5 = 243 fr.95
Total 20123 fr.44

Ce négociant revend l'eau-de-vie 6129 fr.49 + 1500 fr = 7629 fr.49
. . . . . le vin 13750 fr. + 3500 fr. = 17250 fr.
. . . . . le sucre 243 fr.95 + 80 f = 323 fr.95

Il a donc revendu l'hectol. d'eau-de-vie 7629,49 : 43,044 = 177 fr.37;
. . . . . de vin 17250 : 125 = 138 fr.;
. . . . . et le kg de sucre 323,95 : 143,50 = 2 fr.25.

Le poids de 20123 fr. 44 en argent est de $20123,44 \times 5 = 100$ kg. 617225, et le poids du cuivre contenu dans cet argent de $100,617225 \times \frac{1}{10} = 10$ kg. 0617225. —

15. Ce marchand a gagné sur les 100 mètres $2 \times 100 = 200$ fr.
sur les 150 mètres $2 \times 150 = 300$ fr.
Il a gagné en tout . . . 500 fr.
Réponse. 500 fr.

16. Cette jeune fille a gagné sur les chemises $1,25 \times 36 = 45$ francs
sur les jupes $0,75 \times 6 = 4$ fr. 50
sur les tabliers $0,25 \times 12 = 3$ fr.
Total 52 fr. 50

Une lingère qui aurait consacré 30 jours à ce travail aurait gagné par jour $52,50 : 30 = 1$ fr. 75.
Rép. 1° 52 fr. 50 ; 2° 1 fr. 75.

17. En faisant battre à la mécanique plutôt qu'au fléau, on gagne par hectol. $1,40 - 0,45 = 0$ fr. 95. — Sur 60 hl. 375 on gagnera $0,95 \times 60,375 = 57$ fr. 35.
Réponse. 57 fr. 35.

18. Pour faire une paire de bas l'élève a employé $400 - 20 = 380$ gr. ou 0 kg. 38. La paire de bas a coûté $7,50 \times 0,38 = 2$ fr. 85. — L'élève a donc gagné $4,75 - 2,85 = 1$ fr. 90. — Réponse 1 fr. 90.

19. L'étoffe coûte $82,60 - 13,30 = 69$ fr. 30. — La surface des 4 paires de rideaux est de $2,75 \times 1,35 \times 8 = 29$ m² 70. — La surface de la pièce étant 29 m² 70 et sa largeur de 0,90, sa longueur est de $29,70 : 0,90 = 33$ mètres. — Le mètre a coûté $69,30 : 33 = 2$ fr. 10. —
Réponse. 1° 33 mètres ; 2° 2 fr. 10. —

20. 8 ares 32 centiares $= 832$ m² qui sont vendus, le mètre carré, $2450 : 832 = 2$ fr. 94. — Le propriétaire a donc gagné sur 1 mètre $2,94 - 2,45 = 0$ fr. 49, et sur le tout $0,49 \times 832 = 407$ fr. 68.
Rép. 1° 407 fr. 68 ; 2° 0 fr. 49.

21. 1 are rapportant 16 décalitres, 300 ares 75 centiares rapportent $160 \times 300,75 = 48120$ litres. — Le vigneron ne vend que $48120 - 75 = 48045$ lit. ou 480 hl. 45 ; il retire alors de sa récolte $43 \times 480,45 = 20659$ fr. 35.
Réponse. 20659 fr. 35.

22. $650 - 150 = 500$ mètres. — 500 mètres à 5 fr. 50 le mètre valent $5,50 \times 500 = 2750$ fr. Le marchand a vendu pour une somme totale de $760 + 2750 = 3510$ francs ; il a vendu le mètre, en moyenne, $3510 : 650 = 5$ fr. 40, et l'avait donc acheté $5\,\text{fr.}\,40 - 2,50 = 2$ fr. 90. — Réponse. 2 fr. 90.

23. L'are a été payé $27000 : 300,15 = 89$ fr. 955 ; il sera revendu $89,955 + 17 = 106$ fr. 95 et le mètre carré $106,95 : 100 = 1$ fr. 069.
Réponse. 1 fr. 069.

24. Réponse. Il en a évidemment vendu autant qu'il en avait acheté, c'est-à-dire $1352 : 6,50 = 208$ mètres. —

25. Poids de la récolte : $2911,40 : 27,50 = 1069,96$ ou 10696 kg.
Quantité de froment produit par un hectare : $10696 : 9,55 = 1120$ kg. ou 11 q. 20
Réponse. 11 q. 20.

26. Le nombre de bottes fournies par 2 ha. 50 ares est de $18360 : 5 = 3672$ bottes et le nombre de bottes fournies par un hectare de $3672 : 2,50 = 1468\,b\,8$. — Le prix de 100 bottes est de $\dfrac{1468,50 \times 100}{3672} = 48$ fr. 27
Rép. 1° 48 fr. ; 2° 1468 bottes 8. —

27. Cet ouvrier a dépensé dans l'année $3,50 \times 365 = 1277$ fr. 50, il a évidemment gagné $(1277,50 + 277,50) : 50 = 1505$ fr. — Il a donc travaillé pendant $1505 : 5 = 301$ jours.
Réponse. 301 jours. —

28. Voir n° 22.

29. 2422 jours vaudraient 24 × 2422 = 58128 heures ;
or 2422 ne valent que 5 h. 8128.
8128 heures vaudraient 60 × 8128 = 487680 minutes,
or 8128 ne valent que 48 m. 768.
768 minutes vaudraient 60 × 768 = 46080 secondes ;
or m. 768 ne valent que 46 secondes environ. —
Somme toute or 2422 = 5 h. 48 m 46 s.

Réponse. 5 heures 48 minutes 46 secondes. —

30. Le cultivateur a dépensé en 1 jour, pour les ouvriers,

$$2,25 \times 18 = 40 \text{ fr. } 50$$
$$+ \ 4,50 \times 10 = 45 \text{ fr.}$$
$$+ \ 4,50 \times \ldots = 45 \text{ fr. } 50$$
$$\text{Total } 131 \text{ fr.}$$

et pour 145 jours 131 × 145 = 18995 francs. — L'ouvrage a donc coûté au cultivateur 18995 + 37850 = 56845 francs. — Il a par conséquent fait un bénéfice de 72285 - 56845 = 15440 francs. —

Réponse. 15440 francs. —

31. Pour 1 hl il y a, en paille et en grain, un poids de 76+167 = 243 kg. — La récolte en froment est donc de 36446 : 243 = 15 hl. — On a employé 15 : 1,50 = 10 ouv.

Réponse. 10 ouvriers.

32. Cette vigne a coûté 4,4 × 35.44 = 5251 fr. 04. — 65 hectol valent 650 décal. dont le prix est de 4,50 × 650 = 2925 fr. — Les dépenses diverses s'élevant à 349 francs, la vigne ne rapporte que 2925 - 349 = 2576 francs.

$$\frac{2576 \cdot 100}{2651,04} = 49 \text{ fr. } 05.$$

Réponse. 49 fr. 05.

33. La caisse de chandelles revient à l'épicier 146 + 9,40 = 155 fr. 40. — Le prix de vente doit être de 155,40 + 10,60 = 166 fr. — Le poids de la chandelle est de 112,036 - 6,084 = 105 kg. 912 et le prix de vente du kg. de 166 : 105,912 = 1 fr. 566.

Réponse. 1 fr. 566.

34. ... La quantité de toile employée est de 1,9 × 30 = 57 mètres. —
Prix d'achat : 1,55 × 57 = 88 fr. 35
Prix de la façon : 1,85 × 30 = 55 fr. 50
Les chemises reviennent à 143 fr. 85.
Le prix de vente est de 2,40 × 30 = 246 fr. — Le marchand gagnera donc 246 - 143,85 = 102 fr. 15.

Réponse. 102 fr. 15.

35. On a brûlé 270 · hl = 6 hl. 22 qui coûtent 1,70 × 6,22 = 10 fr. 57. — En 30 jours le chauffage coûte 10 fr. 57 et en 1 jour, 10.57 : 30 = 0 fr. 35.

Réponse. 0 fr. 35.

36. 93600 : 60 = 1560 heures ; — 1560 : 24 = 65 jours.

Réponse. 65 jours.

37. Réponse. ... = 200 m. ou 3 h. 20 m.

38. 3 fois le plus petit nombre = 78 - 3 = 75. Le plus petit nombre est donc 75 : 3 = 25. Les deux suivants sont évidemment 26 et 27.

Réponse. 25, 26 et 27.

39. Le marchand a déjà vendu 270 : 18 = 15 m. ; comme il en avait 25 m., il lui en reste 25 - 15 = 10 m. — Réponse. 10 mètres. —

40. $\frac{1}{2}$ décil. vaut olit. o5 centilit. —

Pour 2 décim³ de bois, la seconde pers. rend olit. o5 à la première.

1 décim³ . . . . $\dfrac{0,05}{2}$;

35t. 9 décist. ou 3900 décim³ . . . . $\dfrac{0,05 \times 3900}{2} = 97$ lit. 50.

Réponse. 97 lit. 50.

41. Le premier courrier en 1 heure s'éloigne du second de $6 - 4 = 2$ Km., et en 15...
il s'en éloigne de $2 \times 15 = 30$ Km. — Réponse. 30 Km.

42. Le deuxième voyageur a 15 Km. à gagner sur le premier pour le rejoindre.
Or en 1 heure il gagne $6 - 4,50 = 1$ Km. 50 ; donc autant de fois 15 contiendra 1,50,
autant d'heures il sera pour rejoindre le premier voyageur. — $15 : 1,50 = 10$ heures.
Réponse. 10 heures.

43. En 4 jours le premier voyageur a fait $4 \times 10 = 10$ myriam. — Le deuxième
gagne en 1 jour sur le premier $18 - 10 = 8$ myriam. — Pour gagner 40 myriam. il
lui faudra $40 : 8 = 5$ jours.
Réponse. 5 jours.

44. $\frac{2}{3} + \frac{1}{4} = \frac{8}{12} + \frac{3}{12} = \frac{11}{12}$. — Il lui reste $\frac{12}{12} - \frac{11}{12} = \frac{1}{12}$ de son avenu ou $2400 : 12 =$
200 fr. — Réponse. 200 francs.

45. $\frac{2}{3} + \frac{1}{4} = \frac{8}{12} + \frac{3}{12} = \frac{11}{12}$. — Il lui reste $\frac{12}{12} - \frac{11}{12} = \frac{1}{12}$ de son revenu. — Ce revenu
est donc de $1300 \times 12 = 15600$ francs. —
Réponse. 15600 francs.

46. $\frac{1}{3} + \frac{1}{4} = \frac{4}{12} + \frac{3}{12} = \frac{7}{12}$. — Ainsi $\frac{7}{12}$ du nombre cherché $+ 25 = 380$; d'où
$\frac{7}{12}$ du nombre cherché $= 380 - 25 = 355$.

$\begin{array}{l} \frac{7}{12} \\ \frac{1}{12} \\ \frac{12}{12} \end{array}$ . . . . $\begin{array}{l} 355 \\ \frac{355}{7} \\ \frac{355 \times 12}{7} = 612 \end{array}$

Rép. 612.

47. $\frac{2}{5} + \frac{1}{4} = \frac{8}{20} + \frac{5}{20} = \frac{13}{20}$. | $\frac{20}{20} - \frac{13}{20} = \frac{7}{20}$.

$\frac{7}{20}$ de la propriété valent 8 ha. 40.

$\begin{array}{l} \frac{7}{20} \\ \frac{1}{20} \\ \frac{20}{20} \\ \frac{8}{20} \\ \frac{5}{20} \end{array}$ . . . . $\begin{array}{l} 8,40 \\ \frac{8,40}{7} \\ \frac{8,40 \times 20}{7} = 24 \text{ ha.} \\ \frac{8,40 \times 8}{7} = 9 \text{ ha. } 6 \\ \frac{8,40 \times 5}{7} = 6 \text{ ha.} \end{array}$

Rép. 1° 24 ha. ; 2° 9 ha. 6, 6 ha. et 8 ha. 40.

48. $\frac{1}{11} - \frac{1}{13} = \frac{13}{143} - \frac{11}{143} = \frac{2}{143}$.

$\begin{array}{l} \frac{2}{143} \text{ du nombre} = 45. \\ \frac{1}{143} \\ \frac{143}{143} \end{array}$ . . . . . $\begin{array}{l} 45 \\ \frac{45}{2} \\ \frac{45 \times 143}{2} = 3217,50. \end{array}$

Réponse. 3217,50.

49. Le prix de la maison étant 1, celui du jardin sera $\frac{5}{12}$ et celui du cheval
$\frac{2}{7}$ de $\frac{5}{12}$ ou $\frac{10}{84}$ de celui de la maison. — $1 + \frac{5}{12} + \frac{10}{84} = \frac{84}{84} + \frac{35}{84} + \frac{10}{84} = \frac{129}{84}$. — Donc

$\begin{array}{l} \frac{129}{84} \text{ du prix de la maison} = 5000 \text{ francs.} \\ \frac{1}{84} \\ \frac{84}{84} \end{array}$ . . . . . . $\begin{array}{l} 5000 \\ \frac{5000}{129} \\ \frac{5000 \times 84}{129} = 3255 \text{ fr. 81.} \end{array}$

Réponse. 3255 fr. 81.

50. $\dfrac{9}{7}$ de ce nombre $= 3560$,

$\dfrac{1}{7}$ . . . . $\dfrac{3560}{9}$;

$\dfrac{7}{7}$ . . . . $\dfrac{3560 \times 7}{9} = 2768,88$.

Réponse. $2768,88$.

51. Diminuer un nombre deses $\frac{4}{5}$, c'est le réduire à $\frac{1}{5}$ de lui-même, et par conséquent le multiplier par $\frac{1}{5}$. — Réponse. $\frac{1}{5}$.

52. On veut rendre un nombre $\frac{7}{2}$ fois plus fort, il faut pour cela le multip.^{er} par $\frac{7}{2}$ ou le diviser par $\frac{2}{7}$. — Réponse. $\frac{2}{7}$.

53.   Les $\frac{4}{9}$ de ce nombre $= 420$,

$\dfrac{1}{9}$ . . . . $= \dfrac{420}{4}$;

$\dfrac{9}{9}$ . . . . $= \dfrac{420 \times 9}{4} = 945$.

Réponse. 945. —

54. 1er reste $= \frac{5}{5} - \frac{1}{5} = \frac{4}{5}$; 2e reste $= \frac{4}{5} - \left(\frac{4}{5} \times \frac{3}{8}\right) = \frac{4}{5} - \frac{12}{40} = \frac{32}{40} - \frac{12}{40} = \frac{20}{40} = \frac{1}{2}$; 3e reste $= \frac{1}{2} - \left(\frac{1}{2} \times \frac{3}{4}\right) = \frac{1}{2} - \frac{3}{8} = \frac{4}{8} - \frac{3}{8} = \frac{1}{8}$. — La quatrième personne a donc eu pour sa part $\frac{1}{8}$ de la somme à partager. Or,

$\frac{1}{8}$ de la somme à partager $= 3528$ fr. 28 ;

$\dfrac{8}{8}$ . . . . . . $= 3528,28 \times 8 = 28226$ fr.

Donc Réponse. 28226 francs. —

55. Réponse. $1 : 0,025 = 40$.

56. Réponse. $0,625 = \frac{625}{1000} = \frac{125}{200} = \frac{25}{40} = \frac{5}{8}$.

57. Réponse. $485,72 \times \frac{1}{100} = \frac{485,72}{100} = 4,8572$.

58. Réponse. $485,72 : \frac{1}{1000} = 485,72 \times \frac{1000}{1} = 485,72 \times 1000 = 485720$.

59. Les trois premiers ouvriers ont enlevé $\frac{5}{4} + \frac{3}{12} + \frac{10}{7} = \frac{117}{28}$. — La quatrième a donc enlevé pour sa part $5 - \frac{117}{28} = \frac{140}{28} - \frac{117}{28} = \frac{23}{28}$ de m³ et il a gagné $3,20 \times \frac{23}{24} =$ 2 fr. 628. — Réponse. $1°\ \frac{23}{28}$ de m³ ; $2°\ 2$ fr. 628. —

60. Le déchet étant de $\frac{3}{342} = \frac{1}{114}$, la longueur des clous placés bout à bout serait de $228 \times \left(\frac{114}{114} - \frac{1}{114}\right)$ ou $228 \times \frac{113}{114} = 226$ m. — On pourrait en faire $226 : 0,025 = 9040$ ou 753 douz. $\frac{1}{3}$. — Réponse. 753 douz. $\frac{1}{3}$. —

61. $\dfrac{31}{30}$ de la longueur primitive $= 3$ m. 72 ;

$\dfrac{1}{30}$ . . . . . . $= \dfrac{3,72}{31}$;

$\dfrac{30}{30}$ . . . . . . $= \dfrac{3,72 \times 30}{31} = 3$ m. 60

Réponse. 3 m. 60.

62. 29 fr. 25 sont le prix de 9 m. $\frac{3}{4}$

1 fr. . . . . . $\dfrac{9\frac{3}{4}}{29,25}$

240 fr. . . . . . $\dfrac{9\frac{3}{4} \times 240}{29,25} = 80$ m.

63   Les $\frac{7}{9}$ de ce qu'à Pierre $= 11$ fr. 90 ;

$\dfrac{1}{9}$ . . . . . . $= \dfrac{11,90}{7}$;

$\dfrac{9}{9}$ . . . . . . $= \dfrac{11,90 \times 9}{7} = 15$ fr. 30.

Réponse. 15 fr. 30.

64. Le canton contient $60 \times 28 = 1680$ pruniers.

Pour protéger 90 pruniers il faut 7 ménages,

1 p. . . . . . $\dfrac{7}{90}$;

1680 p. . . . . . $\dfrac{7 \times 1680}{90} = 130$ ménages.

Le verger rapporte $5,10 \times 1680 = 8568$ fr. — Il résulte donc pour le canton
une perte de $3568 \times \frac{2}{3} = 5712$ francs. —

Rép. $1°$ 5712 fr. ; $2°$ 130 ménages. —

65. En semant avec le semoir, on gagne sur un hectare $1hl.5 : 4$ et sur
12 ha., $\frac{1,5 \times 12}{4} = 4$ hl.5. — 1 hl coûte 19 fr. ; 4 hl.5 lui coûtent $19 \times 4,5 = 85$ fr. 50.

Réponse. 85 fr. 50.

66. Cette femme tricote par an $\frac{5 \times 52}{2} = 130$ paires de bas qu'elle vend
$2,80 \times 130 = 364$ francs. — Elle a employé $\frac{1,50 \times 130}{8} = 24$ kg. 375 de laine qu'elle
a payée $3,20 \times 24,375 = 78$ francs. — Elle gagne donc par an $364 - 78 = 286$ fr.

Réponse. 286 francs.

67. Ce fonctionnaire a dépensé dans son année $\frac{3}{8} + \frac{2}{7} + \frac{5}{24}$ ou $\frac{116}{168}$ $\frac{73}{84}$ de son
traitement ; il lui en reste donc les $\frac{84}{84} - \frac{73}{84} = \frac{11}{84}$. —

$$\text{Si } \frac{11}{84} \text{ de son traitement } = 275 \text{ francs.}$$
$$\frac{1}{84} = \frac{275}{11}$$
$$\frac{84}{84} = \frac{275 \times 84}{11} = 2100 \text{ fr.}$$

La première dépense est de $2100 \times \frac{3}{8} = 787$ fr. 50 ; la deuxième de $2100 \times \frac{2}{7} = 600$ fr. ;
et la troisième de $2100 \times \frac{5}{24} = 437$ fr. 50. —

Réponses : $1°$ 2100 francs ; $2°$ 787 fr. 50 , 600 fr. et 437 fr. 50. —

68. Cette lampe brûle en une soirée de $3h.\frac{1}{2}$, $38 \frac{7}{15} \times 3\frac{1}{2} = 134$ gr. $\frac{12}{30}$
et en 30 soirées, $134 \frac{12}{30} \times 30 = 4039$ gr. ou 4 kg. 039.

La différence dépense totale demandée est de $1,40 \times 4,039 = 5$ fr. 65.

Réponse. 5 fr. 65.

69. Cette personne a acheté pour $18,25 \times 342,45 = 6249$ fr. 71
Elle veut réaliser un bénéfice de $\qquad 500$ fr. —
Elle doit alors revendre pour $\qquad 6749$ fr. 71.

Or, elle a déjà revendu $342,45 \times \frac{7}{8} = 299$ m. 64 = 5813 fr. 02. — Elle doit donc
revendre le reste $6749,71 - 5813,02 = 936$ fr. 69. — Il lui reste $342,45 - 299,64 = 42$ m. 81
Le prix du mètre sera donc de $936,69 : 42,81 = 21$ fr. 88.

Réponse. 21 fr. 88.

70. Ce marchand avait déboursé 3300 fr. $- 136$ fr. $= 3164$ fr. ; et il avait acheté
$3164 : 56,50 = 56$ mètres. — $\frac{7}{8}$ de la pièce $= 56$ m ;
$$\frac{1}{8} = \frac{56}{7}$$
$$\frac{8}{8} = \frac{56 \times 8}{7} = 64 \text{ m.}$$

Il lui reste le $\frac{1}{10}$ de son achat ou $56 : 10 = 5$ m. 60. — Son bénéfice est donc de
$$136 + 56,50 \times 5,60 = 452 \text{ fr. } 40.$$

Rép. $1°$ 64 mètres ; $2°$ 452 fr. 40. —

71. Le premier champ a une surface de $\qquad\qquad$ 7 ha. 8
Le deuxième champ a une surface de 26 a. 5 centiares ou de $\qquad$ 0 ha. 2605
Le troisième $\qquad$ 6 ares ou de $\qquad$ 0 ha. 6
Le quatrième $\qquad$ 815 centiares ou de $\qquad$ 0 ha. 0815
$\qquad\qquad\qquad\qquad\qquad$ Surface totale $\qquad$ 8 ha. 0720

$$\frac{2}{24} + \frac{5}{14} + \frac{7}{24} + \frac{2}{15} + \frac{1}{9} = \frac{30}{360} + \frac{100}{360} + \frac{105}{360} + \frac{48}{360} + \frac{40}{360} = \frac{323}{360}$$

Les $\frac{360}{360}$ ou la surface totale de ces blés $= 8$ ha. 0720
$$\frac{1}{360} = \frac{8,0720}{360}$$
$$\frac{323}{360} = \frac{8,0720 \times 323}{360} = 7 \text{ ha. } 2423.$$

Il reste à moissonner pour le 6ᵉ jour $8,0720 - 7,2423 = 0$ ha. 8297.

Réponses. 7 ha. 2423 ; 0 ha. 8297.

72. 5 rames $\frac{1}{2}$ de papier contiennent $5\frac{1}{2} \times 20 \times 24 = 2640$ feuilles $= 5280$ demi-feuilles

Avec 338 demi-feuilles on fait 26 cahiers

$$
\begin{array}{l}
1 \quad \dots \quad \dfrac{26}{338} \\[2mm]
5280 \quad \dots \quad \dfrac{26 \times 5280}{338} = 406 \text{ cahiers environ}
\end{array}
$$

Ces 406 cahiers reviennent à $29,60 + 1,25 = 30$ fr. 85 et le cahier à $30,85 : 406 = 0$ fr. 0759

Réponse. 0 fr. 0759.

73. $\frac{1}{4} + \frac{4}{9} = \frac{9}{36} + \frac{16}{36} = \frac{25}{36}$. $\frac{36}{36} - \frac{25}{36} = \frac{11}{36}$.

$\frac{11}{36}$ de cette propriété valent 38 a. 56

$$
\begin{array}{l}
\dfrac{11}{36} \quad \dots \quad 38,56 \\[2mm]
\dfrac{36}{36} \quad \dots \quad \dfrac{38,56 \times 36}{11} = 1 \text{ ha. } 26 \text{ a. } 19 \text{ centia.} \\[2mm]
\dfrac{9}{36} \quad \dots \quad \dfrac{38,56 \times 9}{11} = 31 \text{ a. } 54 \\[2mm]
\dfrac{11}{36} \quad \dots \quad \dfrac{38,56 \times 16}{11} = 56 \text{ a. } 08.
\end{array}
$$

Réponses : 1° 1 ha. 26 a. 19 centia. ; 2° 31 a. 54 et 56 a. 08.

74. Les $\frac{2}{5}$ du nombre total de kg. valent 4 kg. 375

$$
\begin{array}{l}
\dfrac{1}{5} \quad \dots \quad 4,375 \\[2mm]
\dfrac{2}{5} \quad \dots \quad \dfrac{4,375 \times 2}{5} = 1 \text{ kg. } 750.
\end{array}
$$

1 kg. 750 ou 1750 gr. à 1 fr. 15 le gr. valent $1,15 \times 1750 = 2012$ fr. 50

4 kg. 375 ou 4375 gr. à 1 f. 37 le gr. valent $1,37 \times 4375 = 5993$ fr. 75

Total 8006 fr. 25

$1,750 + 4,375 = 6$ kg. 125 ou 61 hg. 25. — Pour gagner 175 fr. sur la totalité ce marchand devra revendre l'hectogramme $\frac{8006,25 + 175}{61,25} = 133$ fr. 57. — Réponses. 1° 8006 f. 25 ; 2° 133 f. 57.

75. Ce corps a rebondi la troisième fois à une hauteur égale aux $\frac{2}{3} \times \frac{2}{3} \times \frac{2}{3}$ ou aux $\frac{8}{729}$ de la hauteur primitive. — Donc

$$
\begin{array}{l}
\dfrac{8}{9} \text{ de la hauteur primitive} = 0,50 \\[2mm]
\dfrac{1}{9} \quad \dots \quad = \dfrac{0,50}{8} \\[2mm]
\dfrac{729}{729} \quad \dots \quad = \dfrac{0,50 \times 729}{8} = 45 \text{ m. } 55. \quad \text{Réponse. } 45 \text{ m. } 55.
\end{array}
$$

76. La citerne contient actuellement $64,3 \times \frac{3}{4} = 48$ hl. 225 ; elle sera vidée en $48,225 : 32\frac{1}{3} = 149$ jours environ. Réponse. 149 jours environ.

77. En 6 heures la première fontaine remplit le bassin ; en 1 heure elle en remplit $\frac{1}{6}$. — En 4 heures, la deuxième fontaine remplit le bassin ; en 1 heure elle en remplit $\frac{1}{4}$. — En 1 heure les deux fontaines remplissent $\frac{1}{6} + \frac{1}{4}$ ou $\frac{2}{12} + \frac{3}{12} = \frac{5}{12}$ du bassin.

Les $\frac{5}{12}$ du bassin sont remplis en 1 heure par les deux fontaines

$$
\begin{array}{l}
\dfrac{1}{12} \quad \dots \quad \dfrac{1}{5} \\[2mm]
\dfrac{12}{12} \quad \dots \quad \dfrac{1 \times 12}{5} = 2 \text{ h. } 24 \text{ minutes. } \quad \text{Réponse. } 2 \text{ heures } 24 \text{ m.}
\end{array}
$$

78. En 1 heure la première fontaine remplit $\frac{1}{7}$ du bassin et la deuxième en remplit $\frac{1}{4}$. Les deux fontaines remplissent donc en 1 heure $\frac{1}{7} + \frac{1}{4}$ ou $\frac{4}{28} + \frac{7}{28} = \frac{11}{28}$ du bassin ; mais le troisième robinet en vide $\frac{1}{6}$, la portion du bassin remplie en 1 heure est donc $\frac{11}{28} - \frac{1}{6}$ ou $\frac{66}{168} - \frac{28}{168} = \frac{38}{168} = \frac{19}{84}$.

Si les $\frac{19}{84}$ du bassin sont remplis en 1 heure

$$
\begin{array}{l}
\dfrac{1}{84} \quad \dots \quad \dfrac{1}{19} \\[2mm]
\dfrac{84}{84} \quad \dots \quad \dfrac{1 \times 84}{19} = 4 \text{ h. } 25 \text{ m. } 15 \text{ s. } \quad \text{Réponse. } 4 \text{ h. } 25 \text{ m. } 15 \text{ s.}
\end{array}
$$

79. 36000 secondes valent 10 heures ; 1 jour vaut 24 heures. — La première fontaine remplit en 1 heure $\frac{1}{24}$ du bassin et la deuxième $\frac{1}{10}$. Les deux fontaines coulant ensemble remplissent en 1 heure $\frac{1}{24} + \frac{1}{10} = \frac{34}{240}$ du bassin.

$\frac{34}{240}$ du bassin sont remplis en 1 heure

$$
\begin{array}{l}
\dfrac{1}{240} \quad \dots \quad \dfrac{1}{34} \\[2mm]
\dfrac{240}{240} \quad \dots \quad \dfrac{1 \times 240}{34} = 7 \text{ h. } 3 \text{ m. } 31 \text{ s. } \quad \text{Réponse. } 7 \text{ h.}
\end{array}
$$

80. — En 2h.5 la première fontaine emplit 30 litres.
— 1h. . . . . $\frac{30}{2,5} = 12$ lit
En 3h. la deuxième font. emplit 50 lit.
— 1h. . . . . $\frac{50}{3} = 16$ lit. 66
$$\overline{28 \text{ lit. } 66.}$$
Ensemble elles emplissent en 1 heure
Pour emplir 3 m³ ou 3000 lit., elles seront $3000 : 28,66 = 104 h 40 m.$ ou $4 j. 8 h. 40 m.$ Rép. 8h. 4j. 40m

81. — En 1 heure les deux fontaines coulant ensemble emplissent $\frac{1}{8}$ du bassin ; la première coulant seule en emplirait en 1h. $1 : 8\frac{1}{2} = \frac{2}{17}$. Donc en 1 heure la deuxième fontaine emplit $\frac{1}{8} - \frac{2}{17} = \frac{7}{85}$ du bassin. — Pour remplir $\frac{7}{85}$ du bassin la deuxième fontaine met 1 heure

Réponse. 12h. 2m. 34s.
. . . . $\frac{\frac{1}{85}}{\frac{85}{85}}$ . . . . $\frac{1 \times 85}{7} = 12 h. \frac{1}{7}$ ou 12h. 2m. 34s.

82. — La première ouvrière ferait 1 jour $\frac{1}{9}$ de l'ouvrage, la deuxième en fera $\frac{1}{12}$, la troisième $\frac{3}{22}$ et la 4ᵐᵉ $\frac{4}{27}$. — Elles feront donc ensemble, en 1 jour $\frac{1}{9} + \frac{1}{12} + \frac{3}{22} + \frac{4}{27} = \frac{132}{1188} + \frac{99}{1188} + \frac{162}{1188} + \frac{176}{1188}$
$= \frac{569}{1188}$ de l'ouvrage.
Pour faire $\frac{569}{1188}$ de l'ouvrage elles font 1 jour
. . . . $\frac{\frac{1}{1188}}{\frac{1188}{1188}}$ . . . . $\frac{569}{1188}$
$\frac{1 \times 1188}{569} = 2 j. \frac{50}{569}$. Réponse. 2 jours $\frac{50}{569}$.

83. — La première compagnie fera en 1 jour $\frac{1}{40}$ de l'ouvrage.
La deuxième . . . . . . $\frac{1}{36}$ —
La troisième . . . . . . $\frac{1}{28}$ —
La $\frac{1}{2}$ de la première compagnie fera en 1 jour $\frac{1}{80}$ de l'ouvrage
$\frac{1}{3}$ de la deuxième . . . . . . $\frac{1}{108}$
Le $\frac{1}{4}$ de la troisième . . . . . . $\frac{1}{112}$
Les trois compagnies font en 1 jour, en travaillant ensemble $\frac{1}{80} + \frac{1}{108} + \frac{1}{112} = \frac{189}{15120} + \frac{140}{15120} + \frac{135}{15120} = \frac{464}{15120} = \frac{29}{945}$
Pour faire $\frac{29}{945}$ de l'ouvrage les 3 compagnies mettent 1 jour
. . . $\frac{\frac{1}{945}}{\frac{945}{945}}$ . . . $\frac{1 \times 945}{29} = 32$ jours $\frac{17}{29}$. Réponse. 32 j. $\frac{17}{29}$

84. Les cinq ouvriers font en 1 jour $\frac{2}{21} + \frac{3}{28} + \frac{1}{12} + \frac{2}{35} + \frac{1}{16} = \frac{160}{1680} + \frac{300}{1680} + \frac{140}{1680} + \frac{96}{1680} + \frac{105}{1680} = \frac{801}{1680} = \frac{267}{560}$ de l'ouvrage
Pour faire $\frac{267}{560}$ de l'ouvrage ils font 1 jour
. . . $\frac{\frac{1}{560}}{\frac{560}{560}}$ . . . $\frac{1 \times 560}{267} = 2$ jours $\frac{26}{267}$ ou 2 j. 1 h. 10 m.
Il reviendra au premier ouvrier $\frac{756 \times 160}{801} = 151$ fr. 01
. . . au deuxième — $\frac{756 \times 300}{801} = 283$ fr. 14
. . . au troisième — $\frac{756 \times 140}{801} = 132$ fr. 13
. . . au quatrième — $\frac{756 \times 96}{801} = 90$ fr. 61
. . . au cinquième — $\frac{756 \times 105}{801} = 99$ fr. 10.

85. $2h.\frac{1}{4} = 135 m.$; $5 h. \frac{1}{4} = 314 m.$; 30 km. $\frac{2}{5} = 30$ km. 4 ; 80 km. $\frac{3}{5} = 80$ km. 6.
En 1 minute le premier vaisseau fait $\frac{30,4}{135} = 225 m. 18$
et le deuxième . . . . . . $\frac{80,6}{314} = 255 m. 87$
Différence en 1 minute : $255,87 - 225,18 = 30 m. 69$
En 32 minutes le deuxième aura gagné sur le premier $30,69 \times 32 = 982 m. 08$. Réponse 982 m. 08.

86. $\frac{2}{7}$ de ce nombre $= 3860$
$\frac{1}{7}$ . . . . . . $= \frac{3860}{2}$
$\frac{7}{7}$ . . . . . . $= \frac{3860 \times 7}{2} = 2768,88...$ Réponse. 2768,88...

87. En partageant 50 en parties proportionnelles aux nombres 3 et 7, on trouve 15 et 35 qui sont les termes de la fraction cherchée. Réponse. $\frac{15}{35}$.

88. $15\frac{1}{2}$ fois la plus petite distance — La plus petite distance ou…

$14\frac{1}{2}$ fois la plus petite distance $= 29$ km.

1 fois $\dots\dots = 29 : 14\frac{1}{2} = 2$ km.

La plus grande distance est $2 \times 14\frac{1}{2} = 31$ km. Rép. 31 km. et 2 km.

89. $\frac{1}{3} + \frac{1}{4} = \frac{4}{12} + \frac{3}{12} = \frac{7}{12}$. Il doit rester $\frac{5}{12}$. Or, d'après l'énoncé il reste le $\frac{1}{7}$ de ce que l'on a retiré c'est-à-dire le $\frac{1}{7}$ de $\frac{7}{12}$ ou $\frac{1}{12}$ de la capacité du vase plus 16 litres. — 16 litres représentent donc les $\frac{4}{12}$ de la capacité du vase. — Cette capacité est par conséquent de $16 \times \frac{12}{4} = 48$ lit. **Rép. 48 lit.**

90. La superficie de ce terrain est de $540 \times 250 = 135\,000$ m² $= 13$ ha. 50 a.

La part de la 1re personne est de $\quad 13.50 \times \frac{2}{5} = 5$ ha. 40 a.

Celle de la 2e $\dots\dots$ de $\quad 13.50 \times \frac{1}{4} = 3$ ha. 37 a. 5

La part des deux prem.es personnes est de $\quad 8$ ha. 77 a. 5.

Celle de la 3e p. est donc de 13 ha. 5 $-$ 8 ha. 77 a. 5 $= 4$ ha. 72 a. 5. —

Le premier acquéreur devra payer $7500 \times 5,40 = 40\,500$ fr.

Le deuxième $\dots\dots 7500 \times 3,375 = 25312$ fr. 50

Et le 3eme $\dots\dots 7500 \times 4,725 = 35437$ fr. 50

Réponses : 1° 5 ha.40 , 3ha. 37a. 5 ; 4 ha. 72a. 5 ; 2° 40500 fr. ; 25312 fr.50 ; 35437 f.50.

91. Après la vente il reste à la fermière les $\frac{2}{5}$ de son panier d'œufs. Si elle en ajoute 28, elle en aura les $\frac{2}{5}$ de ce qu'elle avait d'abord plus 28 œufs et comme ce qu'elle a alors $=$ les $\frac{6}{5}$ de ce qu'elle avait, on a : $\frac{6}{5}$ de ce qu'elle avait $= \frac{2}{5}$ de ce même avoir $+$ 28 œufs. Donc

$$\frac{6}{5} - \frac{2}{5} \text{ ou } \frac{4}{5} \text{ de ce qu'elle avait} = 28$$
$$= \frac{28}{\frac{4}{5}} = \frac{28 \times 5}{4} = 35. \quad \textit{Réponse. 35 œufs.}$$

92. $\frac{3}{8} + \frac{11}{12} = \frac{9}{24} + \frac{22}{24} = \frac{31}{24}$. — Deux fois ce nombre ou $\frac{48}{24} = \frac{31}{24}$ de ce même nombre $+ 17\frac{1}{3}$. D'où

$$\frac{48}{24} - \frac{31}{24} \text{ ou } \frac{17}{24} \text{ de ce même nombre} = 17\frac{1}{3}$$
$$= \frac{17\frac{1}{3}}{\frac{17}{24}} = \frac{17\frac{1}{3} \times 24}{17} = 24\frac{8}{17}. \quad \textit{Réponse. } 24\frac{8}{17}.$$

93. $\frac{1}{9} + \frac{3}{8} + \frac{5}{12} = \frac{8}{72} + \frac{27}{72} + \frac{30}{72} = \frac{65}{72}$. — Le gain total étant exprimé par $\frac{72}{72}$, 35 francs sont évidemment les $\frac{72}{72} - \frac{65}{72}$ ou les $\frac{7}{72}$ de ce gain. Donc

$$\frac{7}{72} \text{ de ce gain} = 35 \text{ fr.}$$
$$\frac{1}{72} = \frac{35}{7}$$
$$\frac{72}{72} = \frac{35 \times 72}{7} = 360 \text{ francs.}$$

Le deuxième joueur a gagné $360 : 9 = 40$ francs.

Le 3ème $\dots\dots 360 \times 3 : 8 = 135$ fr.

Le 4ème $\dots\dots 360 \times 5 : 12 = 150$ fr. Rép. 35 fr.; 40 fr.; 135 fr.; 150 fr.

94. Réponse. La millionième partie du mètre carré.

95. Réponse. 32575 mètres carrés.

96. Réponse. 10 mètres carrés.

97. Réponse. 1000 décimètres cubes.

98. Réponse. 100 décastères.

99. Réponses. 1 décamètre cube vaudrait 1000 m. cubes; on ne l'emploie pas parce qu'il est rare que l'on ait à mesurer des volumes de cette dimension.

100. Réponse. 100000 centimètres cubes.

101. Réponse. 15300 décimètres cubes.

102. Réponse. 0 m³ 027800 centim³.

103. Le mètre cube vaut 1000 décim³ $= 1000$ litres $= 10$ hectolitres. 136 mètres cubes valent donc 1360 hectolitres.

1360 hectol. ont coûté 6542 fr. 75

1 hectol. $\dots\dots$ 6542,75 : 1360

127 hectol 42 $\dots\dots$ 6542,75 × 127,42 : 1360 $= 613$ fr. Rép. 613 fr.

104. 2 m³ 700 décim³ valent 2700 litres —

1 litre coûte 0 fr. 85

2700 lit. — $0fr.85 \times 2700 = 2295$ fr. Réponse. 2295 fr.

105. Réponse. 100 kilogr.

106. Réponse. 1000 kilogr. ———— 107. Rép. 205 kilog. — 108. Rép. 4 lit. 2 décil.

109. La différence entre le poids de l'eau et le poids du vin est de 232 − 230,20 = 1 kg. 80.

$$\begin{array}{ll} \text{1 litre d'eau pèse} & \text{1 kilog.} \\ \text{1 litre de vin pèse} & 0\,kg.\,991 \\ \hline \text{Différence} & 0\,kg.\,009 \end{array}$$

1 litre de vin pesant 9 grammes de moins que 1 litre d'eau, autant de fois 9 gr. seront contenus dans 1 kg. 980 ou 1980 gr., autant de litres contiendra le tonneau. 1980 : 9 = 220 litres. 220 litres d'eau pèsent 220 kg. ; le tonneau vide pèse 232 − 220 = 12 kg. Rép. 1° 12 kg. ; 2° 220 lit.

110. 773 lit. 28 d'air pèsent 1 kg.

$$1\,\text{lit} \ \ldots\ldots\ldots \frac{1}{773,28}$$
$$1\,m^3\ \text{ou}\ 1000\,\text{lit.} \ \ldots\ldots\ldots \frac{1 \times 1000}{773,28} = 1\,kg.\,293. \quad \text{Réponse. } 1\,kg.\,293.$$

111. 35 litres d'eau pèsent 35 kg. ; l'air ne pesant que les $\frac{100}{77328}$ de ce que pèse l'eau sous le même volume, 35 litres d'air pèsent $35 \times \frac{100}{77328} = 0\,kg.\,0452$. Réponse. 0 kg. 0452.

112. 300 fr. en argent pèsent 5 × 300 = 1500 grammes et contiennent $1500 \times \frac{9}{10} = 1350$ gr. d'argent pur. Réponse. 1350 grammes.

113. Réponse. 2 lit. 45 centil.

114. Réponse. 40 mètres.

115. 40 francs en argent pèsent 5 × 40 = 200 gr. — A valeur égale l'or pesant 15,50 fois moins que la monnaie d'argent, 40 francs en or pèsent 200 : 15,50 = 12 gr. 903. — On trouvera par un raisonnement analogue que la pièce de 20 francs pèse 6 gr. 452. — Réponse. La pièce de 40 fr. pèse 12 gr. 903 et la pièce de 20 fr. 6 gr. 452. —

116. 10 centimes en argent pèsent 5 × 10 : 100 = 0 gr. 50 ; et en bronze 0 g. 50 × 20 = 10 gr. Réponse. 10 grammes.

117. 100 francs en argent pèsent 500 grammes ; à valeur égale l'or pesant 15,50 fois moins que l'argent, 100 francs en or pèsent par conséquent 500 : 15,50 = 32 gr. 258. Réponse. 32 gr. 258.

118. Réponse. 2 lit. 5 décilitres.

119. 3 litres d'eau pèsent 3 kg. Le vase plein pèse 3 kg. 7 hg. ou 3700 grammes. Une pièce de 2 francs pesant 10 grammes, le nombre de pièces de 2 francs nécessaires pour faire équilibre à ce vase est de 3700 : 10 = 370 pièces. Réponse. 370 pièces.

120. Cette somme contient $7500 \times \frac{2}{3} = 5000$ fr. en or, $7500 \times \frac{1}{4} = 1875$ fr. en argent et $7500 − (5000 + 1875) = 625$ francs en cuivre.

$$\begin{array}{lll} 5000 \text{ fr. en or pèsent} & 25000 : 15,50 = & 1\,kg.\,613 \\ 1875 \text{ fr. en argent pèsent} & 5 \times 1875 = & 9\,kg.\,375 \\ 625 \text{ fr. en cuivre pèsent} & 5 \times 625 \times 20 = & 62\,kg.\,500 \\ \hline & \text{Total} & 73\,kg.\,488. \end{array}$$

Réponse. 73 kg. 488.

121.

$$\begin{array}{ll} 3547 \text{ fr. en argent pèsent} & 3547 \times 5 = 17735 \text{ gr.} \\ 0\,fr.\,55 \text{ en cuivre pèsent} & 5 \times 20 \times 0,55 = 55 \text{ gr.} \\ \hline & 17790 \text{ grammes.} \end{array}$$

Il y a donc sur un des plateaux un poids de 17790 grammes. Pour qu'il y ait équilibre il faudrait donc placer sur l'autre plateau 17 kg. 790 gr. d'eau c'est-à-dire 17 lit. 790 ou 17 décim³ 790 centim³. Réponse. 17 décim³ 790 centim³.

122. 254 fr. 50 en argent pèsent 5 × 254,50 = 1272 gr. 50 = 1 kg. 2725. — Le volume d'eau qui aurait le même poids que 254 fr. 50 en argent serait par conséquent 1 lit. 2725 ou 1 décim³ 272 centim³ 500 m³ Réponse. 1272 centim³ 500 mm³.

123. 453 fr. 50 en argent pèsent 5 × 453,50 = 2267 gr. 50 = 2 kg. 2675. — Le volume d'eau qui aurait le même poids que 453 fr. 50 en argent serait par conséquent 2 lit. 2675 ou 2 décim³ 267 centim³ 500 mm³ Réponse. 2 décim³ 267 centim³ 500 mm³.

124. 6 kg. 250 gr. ou 6250 grammes en argent valent 6250 : 5 = 1250 francs.

1 franc en cuivre pèse 100 grammes, 6 kg. 250 ou 6250 gr. en monnaie de cuivre valent 6250 : 100 = 62 fr. 50. Réponse 62 fr. 50 en cuivre et 1250 fr. en argent.

125. 155 pièces pèsent 1 kg. ; 1 pièce pèse 1 : 155 = 6 gr. 452. — Elle a perdu 6,452 × 0,012 = 0 gr. 077 et elle ne pèse plus que 6,452 − 0,077 = 6 gr. 375.

$$5 \qquad \text{en monnaie d'argent valent 1 fr.}$$
$$1 \text{ gr.} \quad\cdots\quad \tfrac{1}{5}$$
$$6 \text{ gr. } 375 \quad\cdots\quad \frac{1 \times 6,375}{5}$$

et 6 gr. 375 en monnaie d'or valent $\frac{1 \times 6,375 \times 15,50}{5} = 19$ fr. 76. Rép. 19 fr. 76.

126. Pour avoir de l'or monnayé, il faudrait ajouter à 235 gr. d'or pur 235 : 9 = 26 gr. 11 de cuivre. On obtiendrait alors 235 + 26,11 = 261 gr. 11... d'or au titre de 0,9. — Or 1 gramme d'argent vaut 0 fr. 20 et 1 gr. d'or 0,20 × 15,50 = 3 fr. 10. — 261 gr. 11... d'or valent donc 3,10 × 261,11 = 809 fr. 44. Réponse. 809 fr. 44.

127. 1° 1 fr. en argent pesant 5 grammes, la valeur d'un kg. d'argent monnayé est évidemment de 1000 : 5 = 200 francs.

2° 1 kg. d'argent monnayé vaut 200 francs, l'or valant à poids égal 15 ½ fois plus que l'argent, 1 kilog. d'or monnayé vaut 200 × 15,50 = 3100 francs. —

Les frais de fabrication étant de 1 f. 50 par kilog. de monnaie d'argent et de 6 fr. 70 par kilog. de monnaie d'or, la valeur intrinsèque d'un kilog. de monnaie d'argent est de 200 fr. − 1 f. 50 = 198 fr. 50 et la valeur intrinsèque d'un kilog. de monnaie d'or de 3100 fr. − 6 fr. 70 = 3093 fr. 30.

3° Comme on néglige toujours dans ce calcul la valeur du cuivre, on peut raisonner ainsi :
$$900 \text{ gr. d'argent pur valent 198 fr. 50}$$
$$1 \text{ gr.} \quad\cdots\quad 198,50 : 900$$
$$1000 \text{ gr.} \quad\cdots\quad 198,50 \times 1000 : 900 = 220 \text{ fr. } 55.$$

Nota. 1 kilog. d'argent monnayé en pièces de 2 fr., de 1 fr., de 0 fr. 50 et de 0 fr. 20, ne contenant que les 0,835 de son poids d'argent pur ne vaut (en négligeant toujours la valeur du cuivre) que 220 fr. 55 × 0,835 = 184 fr. 16.

4°
$$900 \text{ grammes d'or pur valent 3093 fr. 30}$$
$$1 \text{ gr.} \quad\cdots\quad 3093,30 : 900$$
$$1000 \text{ gr.} \quad\cdots\quad \frac{3093,30 \times 1000}{900} = 3437 \text{ francs.}$$

Réponses : 1° 198 fr. 50 ; 2° 3093 fr. 30 ; 3° 9320 fr. 55 ; 4° 3437 fr.

128. La pièce de 20 francs pèse 6 gr. 452. — L'erreur tolérée est donc de 6,452 × 0,013 = 0 gr. 084. Par conséquent la pièce de 20 francs pèse au plus 6 g. 452 + 0 g. 084 = 6 gr. 536 et au moins 6 gr. 452 − 0 gr. 084 = 6 gr. 368.
Rép. Le poids le plus fort est 6 gr. 536 et le poids le plus faible 6 gr. 368.

129. Le poids de 1 lit. 285 d'eau distillée est de 1285 grammes. — Le vase plein pèse 275 + 1285 = 1560 grammes. — Pour établir l'équilibre on devra donc placer dans l'autre flacon 1560 : 5 = 312 francs. Réponse. 312 francs.

130. 1 gramme en monnaie d'argent vaut 0 fr. 20.
$$1 \text{ gramme} \quad — \quad \text{de bronze} \quad — \quad 0,20 : 20 = 0 \text{ fr. 01 cent.}$$
$$1 \text{ gr.} \quad — \quad \text{d'or} \quad — \quad 0,20 \times 15,50 = 3 \text{ fr. 10.}$$

En partageant 446 fr. 85 en parties proportionnelles aux nombres 20, 1 et 30 on trouvera 27 fr. en argent ; 1 fr. 35 en bronze et 418 fr. 50 en or.

131. 4 hectogr. 7 décagr. = 470 gr. — Pour avoir de l'argent au titre de 9/10 il faudrait ajouter à 470 gr. d'argent pur 470 : 9 = 52 gr. 22 de cuivre. On aurait alors un poids d'argent monnayé de 470 + 52,22 = 522 gr. 22. Le nombre de pièces de 5 francs qu'on pourrait faire est donc de 522,22 : 25 = 20 pièces et il

reste 22 gr. 22 centig. . Réponse : 20 pièces et il resterait 22 gr. 22 centi gr.

132. Ce problème revient à diviser 91 en 5 parties proportionnelles aux nombres 5, 5, 1, 1, 1. La somme de ces nombres est 13. Chacune des deux premières part est donc $\frac{91}{13} \times 5 = 35$. et chacune des trois dernières $91 : 13 = 7$.

133. Le poids de l'huile contenue dans le baril est de $24,52 - 7,657 = 16 kg. 863 = 16863 gr$. La capacité de ce baril est de $16863 : 915 = 18 lit. 4295$ et en centim³ de 18429 centim³ 5. Réponse. 18429 centim³ 5.

134. Les $\frac{2}{3}$ des $\frac{3}{4}$ des $\frac{4}{5}$ de 2 litres $= \frac{2}{3} \times \frac{3}{4} \times \frac{4}{5} \times 2 = 0 lit. 8$ dont le poids est de 0 kg. 800 gr. La valeur de la monnaie qui aurait le même poids que cette eau est de $800 : 5 = 160 fr$. — Le poids de l'argent pur contenu dans cette monnaie supposée au titre de 0,835 est de $800 \times 0,835 = 668 gr$. Réponses. 1° 160 fr. ; 2° 668 gr.

135. La hauteur du tas de bois étant h, on a l'égalité $1,2 \times 3 \times h = 5$; d'où
$$h = 5 : 1,2 \times 3 = 1 m. 388\ldots . \quad Réponse. \quad 1 m. 388\ldots$$

136. Réponses. 1° 40 pièces de 5 fr. ; 2° 200 pièces de 1 fr. —

137. L'erreur commise est de $0,015 \times 723, 5 = 10 m. 8525$. La chaîne dont on s'est servi étant trop longue a évidemment été contenue moins de fois dans la distance des points A et B. La valeur trouvée est donc trop faible de $10 m. 8525$. — Par conséquent la distance exacte est de $7235 + 10,8525 = 7245 m. 8525$. Réponse. 7245 m. 85 centim.

138. Prix d'achat . . . . 333000 fr.

Frais d'extraction . . . . . 12000 fr.

Bénéfice qu'on veut faire . . . . 6000 fr.

Total . . 351000 fr.

1 mètre cube valant 10 hectolitres et les 18000 m³ valent $10 \times 18000 = 180000$ hectolitres. Pour faire un bénéfice de 6000 francs le prix de l'hectol. doit être de $351000 : 180000 = 1 fr. 95$. Le bénéfice par hectol. est de $6000 : 180000 = 0 fr. 033$. Rép. 1° 1 fr. 95 ; 2° 0 fr. 033.

139. Quand l'étoffe a 0,78 de largeur, il en faut 12 m. 50

— 0,01 . . . . $12,50 \times 0,78$

— 1,12 . . . . $12,50 \times 0,78 : 1,12 = 8 m. 70$.

12 m. 54 à 2 fr. 45 coûtent $2,45 \times 12,54 = 30 fr. 72$

8 m. 70 à 3 fr. 25 — $3,25 \times 8,70 = 28 fr. 37$

Différence $2 fr. 35$. Rép. 1° 8 m. 70 ; 2° 2 fr. 35.

140. $\frac{1}{2}$ décilitre vaut 0 lit. 05 centilitres.

Pour 2 décim³ de bois, la seconde personne rend 0 lit. 05 à la première

1 décim³ . . . . $0,05 : 2$

3 st. 9 décim³ ou 3900 décim³ . . . . . $0,05 \times 3900 = 97 lit. 50$. Rép. 97 lit. 50.

141. Le mètre cube vaut 1000 décim³ ou 1000 litres ; $2 m³ \frac{1}{2}$ valent donc 2500 litres. à 0 fr. 95 le litre, 2500 litres valent $0,95 \times 2500 = 2375$ francs. Réponse. 2375 francs.

142. A volume égal, le poids du liège est le $\frac{1}{4}$ de celui de l'eau. A poids égal son volume est quadruple de celui de l'eau. Or 100 kg. d'eau ont un volume de 100 décim³ ; 100 kg. de liège ont donc un volume de 400 décim³ ou de 0 m³ 4. — Le prix de 100 kilog. de liège est par conséquent de $100 \times 0,4 = 40$ francs. Réponse. 40 francs.

143. 4 décim³ d'eau pèsent 4 kilog. — Le poids du lingot d'argent pur à volume égal pèse 10,47 fois plus que l'eau ; il pèse donc $10,47 \times 4 = 41 kg. 88$. — Pour en faire de l'argent au titre de $\frac{9}{10}$, il faut y ajouter $41,88 : 9 = 4 kg. 6533\ldots$ de cuivre. — L'alliage formé est donc de $41 kg. 88 + 4 kg. 6533\ldots = 46 kg. 533$. et le nombre de pièces demandé de $46533,33 : 25 = 1861$ pièces et il resterait 8 gr. 33. Rép. 1861 pièces et il resterait 8 gr. 33.

144. Pour obtenir 21 kilog. de beurre il faut 100 kg. de crème

1 kg . . . . $100 : 21$

540 kilog. . . . . . . $100 \times 540 : 21 = \frac{54000}{21}$

Pour 15 kilog. de crème, il faut 100 kilog. de lait

$$100 : 15$$

$1 \text{ Kg}. \quad \dots \quad \dots \quad \dots$

$\dfrac{5400}{21}$

Le nombre de litres demandés est évidemment $\dfrac{100 \times 5400}{15 \times 21} = \dfrac{54000000}{315} = \dfrac{5400000}{315 \times 1.03} = \dfrac{54000000}{315 \times 103} = 16643 \text{ lit.}$ Rép. 16643 lit.

145. 5130740 toises valent 10000000 de mètres

$1\,t. \quad \dots \quad \dots \quad \dots \quad 10000000 : 5137740 = 1\,m. 949$

6 pieds valent 1 m. 949

$1 p. \quad \dots \quad \dots \quad 1,949 : 6 = 0\,m. 324839$

12 pouces valent 0 m. 324839

$1 p. \quad \dots \quad 0,324839 : 12 = 0\,m. 0270699$

12 lignes valent 0 m. 0270699

$1 l. \quad \dots \quad 0,0270699 : 12 = 0\,m. 00225582\text{g}$

12 points valent 0 m. 00225582g

$1 p. \quad \dots \quad 0,00225582\text{g} : 12 = 0\,m. 00018798 . —$

146. $12 \times 3 \times 12 = 432 . 432 + 11 = 443$ lignes . — 1 mètre vaut 3 pieds 11 lignes 296 mill. de ligne ou 443 lignes 296 ; 3587 m. 35 valent $443,296 \times 3587.35 = 1590257$ lig. 9056 . — 1 toise vaut $6 \times 12 \times 12 = 864$ lignes ; 3587 m. 35 ou 1590257 l. 9059 valent donc $1590257,9056 : 864 = 1840\,t. 5763$. — 1 toise vaut 6 pieds ; et 5763 valent $6 \times 0,5763 = 3$ pieds 4578 . — 1 pied vaut 12 pouces ; et 4578 valent valent $12 \times 0,4578 = 5$ po. 4935 ; 1 pouce vaut 12 lignes ; et pou. 4935 valent $12 \times 0,4935 = 5$ lig. 922 . 3587 m. valent donc 1840 t. 3 pieds 5 pou. 5 lig. 922.

2°. On trouvera facilement que 464 toises 5 pieds 9 pouces 9 lignes valent 406051 lignes . — Or 443 lig. 296 valent 1 mètre ; 1 ligne vaut $1 : 443,296$ et 406051 lignes ou 464 t. 5 pied 9 pou. 9 lignes valent $1 \times 406051 : 443,296 = 915$ m. 9816. Rép. 1° 1840 tois. 3 pieds 5 pouces 5 lignes 922 ; 2° 915 m. 9816 .

147. 1/4 du méridien terrestre ou 10000000 de mètres valent 5130740 toises . — Donc 1 mètre vaut

$$5130740 : 10000000 = 0\,t. 5130740.$$

1 toise vaut 6 pieds, donc 1 mètre ou 0 t. 5130740 valent $6 \times 0,513740 = 3$ pieds 078444.

1 pied vaut 12 pouces et 0 p. 078444 valent $12 \times 0,078444 = 0$ pou. 941328.

1 pouce vaut 12 lignes et 0 pou. 941328 valent $12 \times 0,941328 = 11$ lignes 295936.

1 ligne vaut 12 points et 0 l. 295936 valent $12 \times 0,295936 = 3$ points 551.

Réponse. 3 pieds 0 pou. 11 lig. 3 points 551.

148. 1 mètre vaut 0 toi. 5130740 et 7 m. 84 valent $0,5130740 \times 7,84 = 4\,t. 0225$. — 1 toise vaut 6 pieds et 0 t. 0225 valent $6 \times 0,0225 = 0$ pied 1350 . — 1 pied vaut 12 pouces et 0 pied 1350 valent $12 \times 0,1350 = 1$ pouce 62. Rép. 4 toises 1 pou. 62.

149. 1 mètre = 443 lignes 296 ; 1 m² = $(443,296)^2 = 196511$ lignes carrés 343 . 1000 m. carrés = $196511,343 \times 1000 = 196511343$ lig. carrés .

1 toise vaut 6 pieds ou $6 \times 12 = 72$ pouces ou $12 \times 72 = 864$ lignes .

1 toise carré vaut $(864)^2 = 746496$ lignes carrées .

1 pied vaut $12 \times 12 = 144$ lignes ;

1 pied carré vaut $(144)^2 = 20736$ lignes carrés .

1 pouce vaut 12 lignes et 1 pouce carré $12 \times 12 = 144$ lignes carrés .

1000 mètres carrés valent $196511343 : 746496 = 263$ toises c. 182395 lignes carrés .

182395 lignes carrés valent $182395 : 20736 = 8$ pieds carrés $+ 17007$ lig²

17007 lignes carrés valent $17007 : 144 = 118$ pouces carrés $+ 15$ lignes carrés .

Réponse. 263 toises carrés $+ 8$ pieds carrés $+ 118$ pouces carrés $+ 15$ lignes carrés.

150. Le méridien terrestre = 40000000 de mètres ou 40000 kilom. . Le temps demandé est donc de $40000 : 4 = 10000$ heures ou 1 an 51 jours. Réponse. 1 an 51 jours.

151. La longueur d'un degré = $10000000 : 90 = 111111$ m. 111 . La longueur du mille maritime est par conséquent de $111111,111 : 60 = 1851$ m. 85 . Rép. 1851 m. 55.

152. 360° valent 40000000 de mètres

$1° \quad$ vaut $\quad 40000000 : 360 = 111111$ m. 111 . .

25 lieues valent 111111 m. 111..
1 lieue vaut 111111 m. 111 : 25 = 4444 m. 44.. ou 4 Km. 444.. Rép. 4 Km. 444

153. Dans un degré il y a 25 lieues
— 360° — 25 × 360 = 9000 lieues. Réponse. 9000 lieues.

154. Dans 1° il y a 20 lieues marines
360° . . 20 × 360 = 7200 lieues. Réponse. 7200 lieues.

155. 90° valent 10000000 de mètres
1° . . . 10000000 : 90 = 111111 m. 111.
Une coudée vaut donc en mètres 111111, 111.. : 200000 = 0 m. 555 Réponse 0 m. 555.

156. 360° valent 360 × 60 = 21600'
Si 21600' valent 5 m. 20
1' vaut 5,20 : 21600
32°12' ou 1932' valent 5,20 × 1932 : 21600 = 0 m. 465 mm. Réponse 0 m. 465 mm.

157. 40000000 de mètres correspondent à 360°
1 m. . . . . 360 : 40000000
1500000 m. . . . 360 × 1500000 : 40000000 = 13°30'. Rép. 13°30'

158. La longueur de la circonférence est de $2\pi R = 2 \times \frac{22}{7} \times 1 = 6$ m. 2857.
6 m. 2857 correspondent à 360°
1 m. — 360 : 6,2857
0 m. 11 — 360 × 0,11 : 6,2857 = 6°18' Réponse. 6°18'

159. Le poids du liquide est de 16,33 – 11,65 = 4 kg. 68. – 1 litre de ce liquide pèse 1 kg. 5. – Le nombre de litres que contient le vase est donc de 4.68 : 1,5 = 3,12. Réponse. 3 lit. 12 centil.

160. Pendant 1440 heures un bec consomme 130 l. × 1440 = 187200 lit. de gaz.
— 2600 becs . . . 187200 × 2600 = 486720000 lit.
18 m³ 548 = 18548 décim³ = 18548 lit.
L'hectolitre de houille produit donc 18548 lit. de gaz. – Cette usine consomme par année 486720000 : 18548 = 26241 hectol. environ. Réponse. 26241 hl.

161. La surface de la chambre est de 4,60 × 3,90 = 17 m² 94 et la surface d'une brique de 0,165 × 0,165 = 0 m² 027225. – Le nombre de briques nécessaires pour couvrir la surface de la salle est de 17,94 : 0,027225 = 659 environ. –
Ces briques coûteront . . . . 0,095 × 659 = 62 fr. 60
Les frais de pose reviendront à 1,25 × 17,94 = 22 fr. 42
Réponses. 1° 659 briques; 2° 85 fr. 03.　　　Total 85 fr. 03

(*) Cette solution n'est exacte qu'au point de vue géométrique. – Voici la solution du même problème au point de vue pratique:
La surface de la salle est de 4,60 × 3,90 = 17 m² 94. – Chaque rang de briques dans le sens de la longueur en exige 4.60 : 0,165 = $27\frac{29}{33}$. ou plus exactement 28, car les $\frac{4}{33}$ qu'il y aura de reste sur les 28, ne pourront être utilisés. – Le nombre de rangs sera de 3,90 : 0,165 = $23\frac{7}{11}$; et les $\frac{4}{11}$ de brique qui restent sur chaque brique du 24e rang seront évidemment perdus. On devra donc compter 24 rangs de 28 briques chacun ce qui fait 28 × 24 = 672 briques
Prix des briques 0,095 × 672 = 63 fr. 804
Pose de ces briques 1,25 × 17,94 = 22 fr. 43
Total 86 fr. 27　　　Réponses. 1° 672 briques; 2° 86 fr. 27.

162. Poids du vase plein d'eau . 45 kg. 25
Poids du vase vide 6 kg. 15
Poids de l'eau contenue dans le vase 39 kg. 10. – 39 kg. 10 d'eau sont le poids de 39 lit 10 ou de 39 décim³ 10. Réponse. 39 décim³ 10.

163. Pour la façon et la pose des rideaux on a donné :

1° 2 pièces de 50 francs ou 100 francs
2° 6 pièces de 20 francs ou 120 fr. } 270 fr. en or
3° 10 pièces de 5 fr. ou 50 fr.
4° 4 pièces de 2 fr. ou 8 fr.
5° 2 pièces de 0 fr. 50 ou 1 fr. } 10 fr. en argent
6° 5 pièces de 0 fr. 20 ou 1 fr.

Total   280 francs —

La façon et la pose d'une paire de rideaux reviennent à 280 : 20 = 14 francs. 270 fr. en or pèsent 270 × 5 : 15,50 = 87 gr. 09. — Ces 87 gr. 09 d'or contiennent, de cuivre, 87,0936 : 10 = 8 gr. 71. 10 fr. en argent pèsent 50 grammes et contiennent, de cuivre, 50 + 6,165 = 8 gr. 25. Le poids du cuivre contenu dans la somme déboursée est de 8,71 + 8,25 = 16 gr. 96. Réponse. 1° 14 fr. ; 2° 16 gr. 96.

164. Le nombre des tuyaux par ligne de drains est de 100 : 0,30 = 333 tuyaux 1/3. — Il restera au bout de chaque ligne 2/3 de tuyau qui devront être comptés pour déchet. Chaque ligne exigera donc 334 tuyaux et les 10 lignes (nous supposons que la première ligne de drains est à 5 mètres du bord du champ) en exigeront 3340. —

Prix des 3340 tuyaux : 0 fr. 20 × 3340 tuyaux = 73 fr. 35
Prix de la main-d'œuvre : 100 × 10 ou 1000 m à 0 fr. 15 = 150 fr.
Dépense totale   223 fr. 35. Rép. 223 fr. 35.

165. 1 décim³ 101 d'eau pèsent 1 kg. 101. — Le corps en question à volume égal pèse 11,325 fois plus que l'eau ; il pèse donc 1 kg 101 × 11,352 = 12 kg. 498. Réponse : 12 kg. 498.

166. Si ce poids était de l'eau, le volume serait 12 décim³ 498. Pour le même poids il faut du corps en question un volume 11,352 fois moindre : 12 décim³ 498 : 11352 = 1 d³ 101. Réponse 1 d³ 101.

166. Si 1 décim³ d'un corps pèsait 12 kg. 498, la densité de ce corps serait 12,498 ; puisqu'il faut 1 décim³ 101 du corps en question, ce corps a pour densité 12,498 : 1,101 = 11,352. Réponse 11,352.

168. On sait, d'après le principe d'Archimède que tout corps plongé dans un fluide perd une partie de son poids égale au poids du volume de fluide qu'il déplace ; donc la différence des poids 528 − 400 ou 128 grammes exprime le poids d'un volume d'eau égal au volume du corps. Or 1 centim³ cube d'eau distillée, à son maximum de densité pèse 1 gr. ; donc le volume demandé est égal à 128 centim³. Réponse. 128 centim³.

169. Si volume du vase est de 0,50 × 0,30 × 0,40 = 0 m³ 060 décim³. Si ce vase était rempli d'eau son poids serait de 60 kilog. — Le mercure à volume égal, pesant 13 1/2 fois plus que l'eau, le poids du vase est de 60 × 13 1/2 = 810 kg. Réponse. 810 kg.

170. 1/2 m³ = 500 décim³. Or 500 décim³ d'eau pèsent 500 kg. Donc 500 décim³ ou 1/2 m³ de fonte pèse 500 × 7,2 = 3600 kg. —

100 kg. coûtent 186 fr.
1 kg.   186 : 100
3600 kg. ou 1/2 m³ — 186 × 3600 : 100 = 6696 fr. Rép. 6696 fr.

171. 0 lit. 425 de mercure pèsent 0,425 × 13,6 = 5 kg. 78. — Le poids de l'eau enfermé dans le vase est donc de 6 kg. 50 − (5,78 + 0,157) = 0 kg. 563 et le volume de cette eau de 0 lit. 563. — La capacité du vase est par conséquent de 0,425 + 0,563 = 0 lit. 988.

172. Quand il y a un litre d'eau dans le vase, il y en a 5 de vin. Or 1 lit. d'eau pèse 1000 gr. et 5 lit. de vin pèsent 5000 × 0,99 = 4950 grammes. 6 lit. de

mélange pèsent par conséquent $4450 + 1000 = 5950$ gr. ou 5 kg. 95.

La capacité de 5 Kg. 95 du mélange est de 6 litres

1 Kg. . . . . $6 : 5,95$

8 Kg. . . . . . . $6 \times 8 : 5,95 = 8$ lit 067 . — Si c'était toute

eau, cette eau pèserait 8 kg. 067. Réponse 8 kg. 067 gr.

173. 81 livres tournois valent 66 fr.

1 liv. . . . . . $80 : 81$

21500 liv. . . . . $80 \times 21500 : 81 = 21234$ fr. 5679

100 fr. donne 5 fr. d'intérêt

1 fr. $\quad 5 : 100$

21234 fr. 5679 — $5 \times 21234,5679 : 100 = 1061$ fr. 728. Réponse 1061 fr. 728.

174. 50 guinées valent 1313 fr. ; une guinée vaut $\frac{1313}{50}$ de fr. 126 fr. valent 60 florins ; un franc vaut $\frac{60}{126}$ de florin et $\frac{1313}{50}$ de franc, ou la valeur d'une guinée en franc, valent $\frac{60}{126} \times \frac{1313}{50} = \frac{1313}{21}$ de florins. — 140 guinées valent donc $\frac{1313}{21} \times 140 = 1750$ flo. 2/3.

Réponse. 1750 florins 2/3. — On peut encore raisonner ainsi :

126 fr. valent 60 florins

1 fr. vaut $60 : 126$ de flo.

1313 fr. ou 50 guinées valent $\frac{60 \times 1313}{126}$ de flo.

1 guinée vaut $\frac{60 \times 1313}{126 \times 50}$

140 g. valent $\frac{60 \times 1313 \times 140}{126 \times 50} = 1750$ fl. 2/3. —

175. Le volume du pied cube anglais est de $(0,3048)^3 = 28,316$ centim³ 846 et son poids de $28,316 \times 8,50 = 240$ kg. 6928. — 15 pieds cubes anglais pèsent donc $240,6928 \times 15 = 3610$ kg. 392 et en livres anglaises $3610,392 : 453,6 = 7959$ liv. 41. Réponse. 7959 liv. 41.

176. 100 piastres valent 529 fr.

1 p. vaut $529 : 100$

3483 p. valent $\frac{529 \times 3483}{100} = 18425$ fr. 07

1161 fr. valent 100 ducats

1 fr. vaut $100 : 1161$

18425 fr. 07 ou 3483 p. valent $\frac{100 \times 18425,07}{1161} = 1587$ ducats

100 ducats valent 1161 fr

529 fr. valent 100 piastres

1 duc. vaut $\frac{1161}{100} = 11$ fr. 61

1 fr. $\frac{100}{529}$ de piastre

529 fr. valent 100 piastres

1161 fr. valent 100 ducats

1 fr. vaut $\frac{100}{529}$

1 fr. vaut $\frac{100}{1161}$ de ducat

11 fr. 61 ou 1 ducat valent $\frac{100 \times 11,61}{529}$. 2 p. $\frac{103}{529}$

177. 1 fr. = 1 livre + $\frac{1}{80}$

1 livre = $12 \times 20 = 240$ deniers

$\frac{1}{80} = 240 \times \frac{1}{80} = 3$ deniers

1 livre = 20 sous

1 sou = 12 deniers

1 fr. = 1 liv. 1/80 = . . . 243 deniers

1 livre = 240 deniers

240 livres = $240 \times 240 = 57600$ deniers

17 s. = $12 \times 17 = 204$ d.

8 deniers = 8 d.

$\frac{57812}{243} = 237$ fr. 91

240 liv. 17 s. 8 d. = . . . 57 812 d.

Réponse. 237 fr. 91

Règle. Pour convertir en francs un nombre donné de livres, sous et deniers, on peut convertir d'abord ce nombre en deniers, puis diviser ce nombre de deniers par 243, valeur du franc en deniers.

178. 1 fr. = 1 liv. 1/80

237 fr. 909 = 1 liv. 1/80 × 237,909 = $\frac{81}{80}$ × 237,909 = 240 liv. 882987

1 liv. = 20 sous

240 liv. 882987 = $20^s \times 0,882987 = 17$ s. 65 974.

1 sou = 12^d . 0^s. 65974 = 12^d × 0,65974 = 7^d. 91688 .

179.

	toises	pieds	pouces	lignes	points
	5	4	9	7	3
	4	3	3	0	4
	5	4	3	2	3
	6	5	8	8	2

Total 180.

	toises	pieds	pouces	lignes	points
	23	0	1	0	0
	6	5	3	9	2
	4	3	3	7	3

Différence 181.

	toises	pieds	pouces	lignes	points
	2	2	0	0	11
	5	4	9	8	2
					5

Produit : 182.

	toises	pieds	pouces	lignes	points
	29	0	0	4	10

$\}$ $\dfrac{5}{\text{quotient} = 5^t + 4^{pieds}\ 9^{pouces}\ 8^{lignes}\ 2^{points}}$

4 = 24^{pieds}

4 = 48^{pouces}

3 = $\dfrac{36}{40}$ lignes

0 .. 10 ^{points}

183 .

	jours	heures	minutes	secondes
	12	9	15	20
	15	9	50	16
	25	7	7	13

Somme 1^m 184.

	jours	heures	minutes	secondes
	23	9	12	49
	18	5	12	9
	15	17	20	15

Différence 186.

	jours	heures	minutes	secondes
	2	11	51	54
	3	18	10	56

1^j = 24^h

$\dfrac{42^h}{}$

2^h = $\dfrac{120^m}{130^m}$

50^m

2^m = $\dfrac{120^s}{176}$

16

0 .

185.

	jours	heures	minutes	secondes
	9	5	16	22
				8
	73	18	10	56

8

$\}$ quotient = 9^{jours} 5^{heures} 16^{minutes} 22^s .

187. La livre vaut 2 marcs, le marc 8 onces, l'once 8 gros, le gros 72 grains ; donc la livre poids vaut 16 onces, 16×8 = 128 gros, 128×72 = 9216 grains.

1 livre = 0^{kg}. 48951	60 livres = 0^{kil}. 48951 × 60 =	29^{kil}. 37060		
1 marc = 0^{kil}. 24475	1 marc =	3^{kil}. 24475		
1 once = 0^{kil}. 03059	7 onces = 0^{kil}. 03059 × 7 =	0^{kil}. 21413		
1 gros = 0^{kil}. 003824	3 gros = 0^{kil}. 003824 × 3 =	0^{kil}. 011472		
1 grain = 0^{kil}. 0000053	25 grains = 0^{kil}. 0000053 × 25 =	0^{kil}. 001325		

60 livres 1 marc 7 onces 3 gros 25 grains = 29^{kil}. 842277

188.

2^{livres}. 0,4233 × 29,842277 = 60^{livres}. 964

2^{marcs} × 0,964 = 1^{marc}. 928

8^{onces} × 0,928 = 7^{onces}. 424

8^{gros} × 0,424 = 3^{gros}. 392

72 grains × 0,392 = 28^{grains}. 124

189. 14 + 10 + 3 = 27 ans ; 75 − 27 = 48 ans ; 48 : 3 = 16 ans. Réponse 40 + 16 = 56 ans.

190. 5 fois l'âge du fils = 50 ans ; 1 fois l'âge du fils = 50 : 5 = 10 ans. — Le père a donc 40 ans. Réponse 40 ans.

191. A l'époque demandée, le père aura toujours 36 − 10 = 26 ans de plus que son fils comme alors l'âge du père sera double de l'âge du fils, celui-ci aura évidemment 26 ans; mais il a 10 ans, donc c'est dans 26−10 ou 16 ans qu'il aura 26 ans et que l'âge de son père sera double du sien. *Réponse. 16 ans.*

192. À l'époque demandée, le père aura toujours 25−4 = 21 ans de plus que son fils. Comme alors l'âge du père est quadruple de l'âge du fils, celui-ci aura évidemment 21:3 = 7 ans; mais il a 4 ans, donc c'est dans 7−4 ou 3 ans qu'il aura 7 ans et que l'âge de son père sera quadruple du sien. *Réponse. 3 ans.*

193. Le père a 56−33 ou 23 ans de plus que son fils; il avait par conséquent 23 ans à la naissance de ce dernier. Quand le fils eut atteint l'âge que le père avait à sa naissance, le père avait évidemment 23×2 = 46 ans. Il y a par conséquent 56−46 ou 10 ans que l'âge du père était double de celui du fils. *Réponse. 10 ans.*

194. À l'époque demandée la mère aura toujours 29−2 = 27 ans de plus que sa fille. Or à ce moment l'âge de la fille sera le 1/3 de l'âge de la mère, l'âge de la fille sera donc 27:2 = 13 ans 1/2. L'époque demandée est par conséquent 13 1/2 − 2 = 11 ans 1/2. *Réponse. 11 ans 1/2.*

195. À l'époque demandée le père avait toujours 70−20 = 50 ans de plus que le fils. 50 représentait alors 5 fois l'âge du fils. Cet âge était donc 50:5 = 10 ans. Il y a par conséquent 20−10 = 10 ans que l'âge de Paul était le 1/6 de l'âge de son père. *Réponse. 10 ans.*

196. À l'époque demandée le père aura toujours 42−10 = 32 ans de plus que son fils. Comme alors l'âge du fils ne sera que le tiers de l'âge du père, 32 représente deux fois l'âge du fils. Cet âge est donc 32:2 = 16. L'époque demandée aura lieu dans 16−10 = 6 ans.

197. 6 mètres de drap + 7 mètres de toile valent 110 francs

$$
\begin{array}{l}
6\,\text{m.} \quad\quad + 5\,\text{m.} \quad\quad\quad 100\,\text{fr.} \\
\hline
\text{Diff}^{ce} \quad 2\,\text{m. de toile valent} \quad 10\,\text{francs.} \\
\quad\quad\quad 1\,\text{m.} \quad\quad \text{vaut} \quad 10:2 = 5\,\text{francs.}
\end{array}
$$

5 mètres de toile valent 5×5 = 25 francs. — La 2ᵉ vente équivaut donc à 6 m. de drap + 25 fr. Par suite, on a 6 m. de drap qui valent 100−25 ou 75 fr.; d'où le prix du mètre : 75:6 = 12 fr. 50. *Réponse. Le prix du mètre de drap est 12 fr. 50 et le prix du mètre de toile 5 francs.*

198. La 1ʳᵉ bourse + la seconde = 450 fr.
1/3 de la 1ʳᵉ bourse + 1/5 de la seconde = 150 fr.

Pour faire disparaître la première bourse, il faudrait multiplier la seconde égalité par 2 et la retrancher ensuite de la première.

$$
\begin{array}{l}
\text{La 1}^{re}\ \text{bourse plus la seconde} = 450\,\text{fr.} \\
\text{La 1}^{re}\ \text{bourse} + 2/5\ \text{de la seconde} = 300\,\text{fr.} \\
\hline
\text{Diff}^{ce} \quad 3/5\ \text{de la seconde} = 150\,\text{fr.} \\
\quad\quad\quad 1/5 \quad = 150:3 \\
\quad\quad\quad 5/5 \quad = \dfrac{150\times5}{3} = 250\,\text{fr.}
\end{array}
$$

La 1ʳᵉ bourse contient 450−250 = 200 francs. *Réponse. 200 fr. et 250 francs.*

199. Le double du plus petit nombre est = 1700−700 = 1000. — Le plus petit nombre est donc 1000:2 = 500 et le plus grand 500+700 = 1200. *Rép. 500 et 1200.*

200. Le double de la dépense de la qualité inférieure est de 800−60 = 740 fr. et la dépense de cette qualité de 740:2 = 370 francs. — La dépense de la qualité supérieure est par conséquent de 800−370 = 430 fr. — Le prix du mètre de la qualité inférieure est de 370:25 = 14 fr. 80 et le prix de la qualité supérieure de 430:25 = 17 fr. 20. *Rép. 14 fr. 80 et 17 fr. 20.*

201. Si cette personne payait seulement avec des pièces de 5 francs, elle donnerait 150 francs au lieu de 90 fr.; elle donnerait donc en trop 150−90 = 60 francs. Or chaque pièce de 2 francs substituée à une pièce de 5 francs, diminue cette différence de 3 fr. On devra donc faire cette substitution autant de fois que 3 est contenu dans 60, c'est-à-dire 20 fois. *Rép. 10 pièces de 5 francs et 20 pièces de 2 francs.*

202. Si les 200 kilog. étaient de la première qualité, ils vaudraient 0,55 × 200 = 110 fr. au lieu de 95 francs. Il faut donc diminuer la valeur de cette farine de 110−95 = 15 francs. Or chaque kilog. de farine à 0fr.45 substitué à 1 kilog. à 0fr.55, diminue de 0fr.10 la valeur des 200 kilog. On devra donc faire cette substitution autant de fois que 0,10 est contenu dans 15, c'est-à-dire 150 fois. On formera donc les 95 francs en prenant 150 kilog. à 0fr.45 et 50 kilog. à 0fr.55. — *Remarque.* Ce problème n'est évidemment possible qu'autant que la somme payée est comprise entre les deux sommes qu'on obtient en ne prenant successivement de la farine que du plus petit ou du plus grand prix.

203. Si les 8000 francs étaient placés à 5 pour %, cette personne retirerait $8000 \times \dfrac{5}{100} =$

400 francs de vente au lieu de 370. Il faut donc diminuer cette vente de $400 - 370 = 30$ francs. Or chaque capital de 100 francs placé à 4 pour % substitué à un capital de 100 fr. à 5 pour % la diminue de $5 - 4 = 1$ fr. On devra donc faire cette substitution autant de fois qu'il est contenu dans 30, c'est-à-dire 30 fois. Le montant du deuxième placement est donc de 3000 francs et celui du premier de 5000 fr. Rép. 5000 fr. et 3000 fr.

204. Réponse. $3000 : 5 = 600$ fr.

205. Réponse. $3000 : 6 = 500$ francs.

206. Sur 100 francs de vente, il a gagné 5 fr.
1 fr.
2100 fr.

$5 : 100$

$\dfrac{5 \times 2100}{100} = 105$ francs.

Ce marchand avait acheté ses marchandises $2100 - 105 = 1995$ francs. Rép. 1995 fr.

207. Dire que le marchand a fait un bénéfice de 5 p. % sur le prix d'achat, cela signifie qu'il a vendu 105 francs ce qui lui a coûté 100 francs. — Donc
105 fr. de vente viennent de 100 fr. d'achat
1 fr.
2100 fr.

$100 : 105$

$\dfrac{100 \times 2100}{105} = 2000$ francs. Réponse. 2000 fr.

208. 112 fr. viennent de 100 fr.
1 fr.
185 fr. 36

$100 : 112$

$\dfrac{100 \times 185,36}{112} = 165$ fr. 50. Réponse. 165 fr. 50.

209. $\dfrac{9}{7}$ du prix d'achat $= 2070$ fr.
$= 2070 : 9$
$= \dfrac{2070 \times 7}{9} = 1610$ francs. Réponse. 1610 francs.

210. La longueur des 27 pièces est de $60 \times 27 = 1620$ mètres. — 1620 mètres à 23 fr. 75 le mètre valent $23,75 \times 1620 = 38475$ francs.
Ce qui coûte 100 fr. doit être revendu 107 fr. 50
1 fr.
38475 fr.

$107,50 : 100$

$\dfrac{107,50 \times 38475}{100} = 41360$ fr. 62.

Rép. 41360 fr. 62.

211. Ce qui coûte 100 francs doit être revendu 119 francs
1 fr.
112 fr. 50

$119 : 100$

$\dfrac{119 \times 112,50}{100} = 133$ fr. 82

Il devra donc revendre les 100 kil. 133 fr. 82 et le kilog. $\dfrac{133,82}{100} = 1$ fr. 34. Rép. 1 fr. 34.

212. Les deux premières personnes peuvent payer $\dfrac{1}{4} + \dfrac{1}{5}$ ou les $\dfrac{9}{20}$ du prix du cheval.
Il reste donc à payer pour la troisième personne $\dfrac{20}{20} - \dfrac{9}{20} = \dfrac{11}{20}$.
Les $\dfrac{11}{20}$ du prix du cheval sont de 506 fr.

$506 : 11$

$\dfrac{506 \times 20}{11} = 920$ francs. Réponse. 920 fr.

213. Les $\dfrac{16}{16}$ de la somme primitive $= 27200$ fr.

$27200 : 16$

$\dfrac{27200 \times 11}{16} = 18700$ fr.

Le bénéfice est de $27200 - 18700 = 8500$ francs. Le taux cherché est par conséquent
$\dfrac{8500 \times 100}{18700 \times 3} = 15$ fr. 15. Rép. 18700 ; 15 fr. 50 p. %.

214. Le bénéfice annuel est de $438000 \times 0,06 = 26280$ fr. — La dépense annuelle sera de $26280 \times 3/4 = 19710$ francs et la dépense journalière de $\dfrac{19710}{365} = 54$ fr. Rép. 54 fr.

215. Les deux pièces contiennent $3,20 + 24,40 = 27$ ha. 60.
27 ha. 60 ont coûté 10500 fr.
1 ha.
3 ha. 20

$10500 : 27,60$

$\dfrac{10500 \times 3,20}{27,60} = 1217$ fr. 40.

— 48 —

La première pièce a donc coûté 1217 fr. 40 et elle doit être affermée $1217,40 \times \frac{4}{100} = 48$ fr. 69. Rép. 48 f 69.

216. Prix de vente . . . . . 543 fr.

Prix d'achat $\frac{100 \times 543}{115} = $ . . 472 fr. 17

bénéfice . . . 70 fr. 83

Nombre de mètres que contenait la pièce $70,83 : 4 = 17$ m. 70. Rép. 17 m. 70.

217. La pièce a perdu au blanchissage $22,53 \times \frac{9}{100} = 2$ m. 0277 ; après le blanchissage elle n'a plus que $22,53 - 2,0277 = 20$ m. 502. — On avait payé la pièce $1,35 \times 22,53 = 30$ fr. 41$\frac{5}{2}$; le mètre de toile blanchie revient donc à $\frac{30,415}{20} = 1$ fr. 48. Rép. 1 fr. 48.

218. Le prix du sucre est de $84 \times 1,32 = 110$ fr. 88 ; le prix d'achat du savon de $\frac{67 \times 45}{50} = 60$ fr. 30. Le marchand ayant donc acheté pour une somme de $110,88 + 60,30 = 171$ fr. 18 ; on lui a fait une remise de $171,18 - 162,62 = 8$ fr. 56.

Sur 171 fr. 18 on fait une remise de 8 fr. 56

1 fr. . . . . . $8,56 : 171,18$

100 fr. . . . . $\frac{8,52 \times 100}{171,18} = 5$ fr. Réponse 5 francs.

219. 180 hectol. de blé à 28 fr. 40 l'hectol. ont coûté $28,40 \times 180 = 5112$ fr. — Le prix de chacun des 120 autres hectol. est de $28,40 + \frac{28,40 \times 10}{100} = 31$ fr. 24. — Les 120 hectol. ont donc coûté $31,24 \times 120 = 3748$ fr. 80. — Ce négociant a acheté pour une somme de $5112 + 3748,80 = 8860$ fr. 80 ; comme il a revendu pour $34,60 \times 300 = 10380$ francs, il a réalisé sur le tout un bénéfice de $10380 - 8860,80 = 1519$ fr. 20 et pour 100, un bénéfice de $\frac{1519,20 \times 100}{8860,80} = 17$ fr. 14. Réponse 17 fr. 14.

220. 120 fr. de vente venant de 100 fr. d'achat

1 fr. . . . . . $100 : 120$

540 fr. . . . . $\frac{100 \times 540}{120} = 450$ fr. — Le prix d'achat du kg. était donc de $450 : 450 = 1$ fr. Réponse 1 franc.

221. Ce marchand a vendu $\frac{1}{5} + \frac{2}{7} + \frac{3}{11} = \frac{77}{385} + \frac{110}{385} + \frac{105}{385} = \frac{292}{385}$ de la pièce ; il lui en reste les $\frac{385}{385} - \frac{292}{385} = \frac{93}{385}$. —

Les $\frac{93}{385}$ de la pièce sont de 23 m. 25.

$\frac{1}{385}$ . . . . . $23,25 : 93$

$\frac{385}{385}$ . . . . . $\frac{23,25 \times 385}{93} = 96$ m. 25.

Il avait payé la pièce $15,75 \times 96,25 = 1515$ f. 93. —

Ce qu'il a payé 100 fr. doit être revendu 124 fr. 25.

1 fr. . . . . . $124,25 : 100$

1515 fr. 93 . . . $\frac{124,25 \times 1515,93}{100} = 1883$ fr. 55.

Rép. 1883 fr. 55 ; 96 m. 25.

222. Pour faire un bénéfice de 10 pour %, il faut que ce qu'elle vend 110 fr. ne lui coûte que 100 fr. — Donc

ce qu'elle vend 110 fr. ne lui coûte que 100 fr.

1 fr. . . . . . $100 : 110$

4 fr. . . . . . $\frac{100 \times 4}{110} = 3$ fr. 636

Chaque chemise exige donc $3,636 - 1,25 = 2$ fr. 386 de calicot. — Elle doit par conséquent acheter le mètre de calicot $2,386 : 3,10 = 0$ fr. 80. Rép. 0 fr. 80.

223. Puisque dans la fabrication des cloches il entre 8 parties de cuivre et 2 d'étain, c'est que les $\frac{8}{10}$ sont en cuivre et les $\frac{2}{10}$ en étain. — Dans une cloche qui pèse 1345 kg. il y a donc $1345 \times \frac{8}{10} = 1076$ kilog. de cuivre et $1345 \times \frac{2}{10} = 269$ kil. d'étain. — Le kilog. de cuivre coûtant 4 fr. 75 et le kilog. d'étain 5 fr. 25, le prix de la matière de la cloche sera de $4,75 \times 1076 + 5,25 \times 269 = 5985$ fr. 25. Les frais de fabrication et —

d'installation sont donc de $5985,25 \times \frac{10}{100} = 598$ fr. 525. — La commune a par conséquent déboursé $5985,25 + 598,525 = 6583$ fr. 775. *Réponse : 6583 fr. 775.*

224. Les $\frac{7}{12}$ de 360 mètres sont de $360 \times \frac{7}{12} = 210$ mètres. 210 m. à 13 fr. 40 le mètre valent $13,40 \times 210 = 2814$ francs. Il restait $360 - 210 = 150$ mètres. Les $\frac{2}{5}$ de 150 mètres sont de $150 \times \frac{2}{5} = 60$ mètres. 60 mètres à 14 fr. 10 le mètre valent $14,10 \times 60 = 846$ fr. Il restait en dernier lieu $150 - 60 = 90$ mètres. — 90 mètres à 15 fr. 60 valent $15,60 \times 90 = 1404$ fr. Le marchand a donc vendu en tout pour $2814 + 846 + 1404 = 5064$ fr.

Ce qu'il vendait 110 fr. n'avait été payé que 100 francs

$$1 \text{ fr.} \qquad\qquad 100 : 110$$
$$5064 \text{ fr.} \qquad\qquad \frac{100 \times 5064}{110} = 4603 \text{ fr. } 63. \ —$$

Il a donc payé le mètre 4603 fr. $63 : 360 = 12$ fr. 78. *Réponse.*

225. 500 kil. de cuivre à 2 fr. 75 le kil. valent $2,75 \times 500 = 1375$ fr.

 140 kil. d'étain à 2 fr. 90 le kil. valent $2,90 \times 140 = 406$ fr.

 Les frais de fabrication sont de $\underline{265 \text{ fr.}}$

 La cloche a coûté au fondeur 2046 fr.

Le poids de la matière employée est de $500 + 140 = 640$ kg. — Le déchet occasionné par la fonte étant de 6 p $\frac{0}{0}$, la cloche ne pèse que $640 \times 0,94 = 601$ kil. 60. — Elle est vendue $3,80 \times 601,60 = 2286$ fr. 08. — Le bénéfice du fondeur est par conséquent de $2286,08 - 2046 = 240$ fr. 08. *Réponse. 240 fr. 08.*

226. Il est évident que 286 fr. 35 sont le prix de 49 m. 80. — Le prix du mètre est donc de $286,35 : 49,80 = 5$ fr. 75. — Pour gagner 15 pour $\frac{0}{0}$, il doit revendre le mètre à raison de $5,75 + 5,75 \times \frac{15}{100} = 6$ fr. 61. *Réponse. 6 fr. 61.*

227. 5 ha. 9 a. 4 m² valent 509 ares 04; ce champ coûte $25 \times 509,04 = 12726$ fr. et il a produit pour $19,55 \times 98,082 = 1917$ fr. 50 — Les frais d'exploitation sont de $\frac{19 \times 1917,50}{100} = 364$ fr. 32. et le bénéfice net de $1917,50 - 364,32 = 1553$ fr. 18.

Si 12726 fr. donnent 1553 fr. 18

$$1 \text{ fr.} \qquad\qquad 1553,18 : 12726$$
$$100 \text{ fr.} \qquad\qquad \frac{1553,18 \times 100}{12726} = 12 \text{ fr. } 20. \quad \textit{Rép. 1553 fr. 18 ; 12 fr. 20.}$$

228. Je détermine le bénéfice de chacun. — Le premier gagne par an $\frac{11\frac{1}{2} \times 3650000}{100} = 416000$ fr. et le second $9,75 \times 4925000 = 480187$ fr. 50. Il reste au premier le tiers de son bénéfice ou 416100 fr. $\times \frac{1}{3} = 138700$ fr. et au second le $\frac{1}{5}$ du sien ou $480187,5 \times \frac{1}{5} = 96037$ fr. 50. — Le premier a donc au bout d'un an $138700 - 96037,50 = 42662$ fr. 5 de bénéfice de plus que le second. — Le nombre d'années demandées est évidemment de $243915 : 42662,50 = 5$ ans 8 m. 18 j. *R. 5 ans 8 m 18 j.*

229. La location de la maison est de $24600 \times 4,75 : 100 = 1168$ fr. 50 ; les frais de réparation sont de $1168,50 \times 10 : 100 = 116$ fr. 85. — Le revenu net dans la 1ʳᵉ hypothèse est donc de $1168,50 - 116$ fr. $85 = 1051$ fr. 65 ; dans la seconde il est de $24600 \times 4,2 : 100 = 1045$ fr. 50 et dans la troisième de $24600 \times 3 : 68,40 = 1078$ fr. 94.

230. En gagnant $3\frac{1}{2}$ pour $\frac{0}{0}$;

$$\text{ce qui est vendu } 103 \text{ fr. } 50 \quad \text{coûtent } 100 \text{ fr.}$$
$$1 \text{ fr.} \qquad\qquad 100 : 103,50$$
$$330 \text{ fr. } 75 \qquad\qquad \frac{100 \times 330,75}{103,50} = 319 \text{ fr. } 56.$$

Les $\frac{5}{8}$ de ce que j'ai acheté coûtent 319 fr. 56.

$$\frac{1}{8} \qquad\qquad 319,56 : 5$$
$$\frac{8}{8} \qquad\qquad 319,56 \times 8 : 5 = 511 \text{ fr. } 30.$$

Le champ m'aurait coûté $511,30 \times \frac{3}{2} = 766$ fr. 94. *Rép. 511 fr. 30 ; 766 fr. 94.*

231. Il restait aux trois neveux 3923 fr. $825 \times 3 = 11771$ fr. 475. — Les droits de succession étant de 8 p $\frac{0}{0}$, la succession est de $100 \times 11771,475 : 91,50 = 12865$ francs

Le bois étant estimé 1875 francs, l'estimation de la maison est de $12865 - 1875 = 10990$ fr.
Réponse. 10990 francs.

232. 1 bœuf a coûté au fermier $500 : 2 = 250$ fr. — Le gain fait sur chaque bœuf est de $350 - 250 = 100$ fr. et le gain fait sur les 8 bœufs de $100 \times 8 = 800$ fr. Le bénéfice total étant 1550 francs, le bénéfice fait sur les 10 bœufs du dernier achat est de $1550 - 800 = 750$ francs. Or le bénéfice n'est que le 1/3 du prix d'achat, donc ce dernier est de $750 \times 3 = 2250$ francs. — Le premier a sous-loué pour $30 \times 10 = 300$ francs; ses frais sont de $(500 + 150) - 300 = 350$ francs; et son bénéfice net de $1550 - 350 = 1200$ fr.
Rép: 1° 2250 fr.; 2° 1200 fr.

233. Pour le premier champ,
8 fr. de bénéfice viennent de 100 fr. d'achat
1 fr. . . . . $100 : 8$
326 fr. 40 . . . . . . $\dfrac{100 \times 326,40}{8} = 4080$ fr.
La contenance de ce champ est de $4080 : 25,50 = 160$ ares.
Pour le second champ
6 fr. de bénéfice viennent de 100 fr. d'achat
1 fr. . . . . $100 : 6$
326 fr. 40 . . . . . . $\dfrac{100 \times 326,40}{6} = 5440$ fr.
La contenance de ce champ est de $5440 : 25,50 = 213$ a. 1/3. Rép. 160 ares et 213 a. 1/3.

234. 14 hectol. de blé à 20 fr. l'hectol. valent $20 \times 14 = 280$ francs. — Cette terre a donc rapporté $280 + 30 = 310$ fr.; mais les frais généraux se sont élevés à 240 francs, le revenu net n'est donc que de $310 - 240 = 70$ fr. — Déterminons la valeur de cette terre. — Si 3 fr. 50 de revenu net viennent de 100 fr.
1 fr. . . . . $100 : 3,50$
70 fr. . . . . $\dfrac{100 \times 70}{3,50} = 2000$ fr. — Déterminons le prix de l'hectare. — Si 75 ares 87 valent 2000 francs
1 a . . . . . $2000 : 75,87$
100 a. ou 1 ha. . . . $2000 \times 100 : 75,87 = 2636$ fr. 08.
Rép. 2000 fr.; 2636 fr. 08.

235. 221 hommes mangent par jour $750 g \times 221$ et par mois $750 g \times 221 \times 30 = 4972$ Kg. Le poids de la farine nécessaire pour faire cette quantité de pain est de 4972 K. $50 \times 4/5 = 3978$ kil. — Déterminons la quantité nécessaire de blé nettoyé pour faire 3978 kil. de farine. 74 kil. de farine exigent 100 kil. de blé nettoyé
1 kil. . . . . . $100 : 74$
3978 kil. . . . . $\dfrac{100 \times 3978}{74} = 5375$ kil. 675
Or 100 kil. de blé se réduisent par le nettoyage à 100 Hg. $- 2$ K. $50 = 97$ Kg. 50. — Donc 97 Kil. 50 de blé nettoyé exigent 100 kil. de blé brut
1 K. . . . . . $100 : 97,50$
5375 kil. 675 . . . . $\dfrac{100 \times 5375,675}{97,50} = 5513$ kil. 51. Rép. 5513 k. 51.

236. Le prix de la propriété se compose:
1° de 69 actions à 687 fr. 50 qui valent ensemble $687,50 \times 69 = $ . . . . . 47437 fr. 50
2° de 387 obligations à 308 fr. 75 — $308,75 \times 387 = $ . . . . 119486 fr. 25
3° de 5 sacs d'argent pesant ensemble $3,56 \times 5 = 17$ kil. 80 } 72 kil. 98
4° de 1 sac d'or valant, d'argent, 7 K. $56 \times 15,50 = 55$ kil. 18 }
72 kil. 980 ou 72980 gr. ont une valeur de $72980 \times 5 = $ . . . . . 145960 fr
Total de la somme à payer . . . . . 181519 fr. 75

Les $\frac{19}{20}$ du prix de la propriété étant de . . . . 181519 fr. 75

le 1/20 de ce prix est de 181519,75 : 19 = ... 9553 fr. 67

Le prix demandé est par conséquent de . . . . 191073 fr. 42.   Réponse. 191073 fr. 42.

237.   1 pantalon + 1 gilet coûtent . . . . 40 francs.

1 cravate + 1 gilet coûtent . . . . 20 fr.

1 pantalon + 1 cravate — . . . . 30 fr.

2 pantalons + 2 gilets + 2 cravates coûtent . . . . 90 fr.

1 pantalon + 1 gilet + 1 cravate coûtent . . . . 45 fr. — Le pantalon et le gilet coûtant 40 fr., la cravate coûte 45 − 40 = 5 francs. — On trouve de même que 1 gilet coûte 15 fr. et 1 pantalon 25 fr.

238. Le poids de l'eau contenue dans le vase est évidemment de $\frac{17.903 \times 525}{40} = 169$ gr. 3518. Or le gramme est le poids de 1 centim³, par conséquent la capacité du vase est de 169 centim³ 351 mm³. Réponse. 169 centim³ 351 millimètres cubes.

239. Si cet élève avait mérité une bonne note tous les jours, il aurait reçu après 15 jours 0,10 × 15 = 1 fr. 50. Or il n'a reçu que 1 fr. 20 ; il a donc perdu 1,50 − 1,20 = 0 fr. 30. Chaque jour qu'il méritait une mauvaise note il perdait 0,10 + 0,05 = 0 fr. 15. — Il est donc resté 0,30 : 0,15 = 2 jours sans bonne note. Réponse. 15 − 2 = 13 jours.

240. Quand la troisième personne a 1 fr., la deuxième en a 27 et la première 27 × 43 = 1161. — En partageant 297704 francs en parties proportionnelles aux nombres 1, 27 et 1161, on trouvera que la première personne doit avoir 290693 fr. 30, la 2ᵉ 6760 fr. 31 et la 3ᵉ 250 fr. 38.

241. 30 − 24 = 6 oranges. Le prix de ces 6 oranges est de 0,75 + 1,05 = 1 fr. 80 et le prix d'une orange de 1,80 : 6 = 0 fr. 30. — Ce jeune homme avait 0,30 × 24 + 0,75 = 7 fr. 95. Rép. 7 fr. 95 et 0 fr. 30.

242. Le poids de 500 m³ est de 1600 × 500 = 800000 kil.

Pour transporter 800 kg. à 1000 mètres, il faut 1 jour

1 kg. . . . 1000 m. . . . 1 : 800

1 kg. . . . 1 m. . . . $\frac{1}{800 \times 1000}$

800000 kg. . . . 1 m. . . . $\frac{1 \times 800000}{800 \times 1000}$

800000 kg. . . . 97 m. . . . $\frac{1 \times 800000 \times 97}{800 \times 1000} = 97$ jours.

Le transport de 500 m³ coûtera 2,25 × 97 = 218 fr. 25. Réponse. 218 fr. 25.

243. Cette famille consomme par an 3 k. 50 × 365 = 1277 kil. 50 de pain.

125 kil. de pain exigent 100 kil. de farine

1 kil. . . . 100 : 125

1277 kil. 50 . . . $\frac{100 \times 1277,50}{125} = 1022$ kil.

162 kil. 50 de farine coûtent 36 fr.

1 kil. . . . 36 : 162,50

1022 kil. . . . $\frac{36 \times 1022}{162,50} = 226$ fr. 41

La cuisson coûte 0,50 × 200 = ... 100 fr.

La dépense annuelle est donc de . . . . 326 fr. 41.

2°. Pour 125 kil. de pain il faut 100 kil. de farine

1 k. . . . 100 : 125

5 k. . . . $\frac{100 \times 5}{125} = 4$ kil.

3°. 1277 kil. 50 de pain coûtent 326 fr. 41

1 kil. . . . 326,41 : 1277,50

5 kil. . . . $\frac{326,41 \times 5}{1277,50} = 1$ fr. 28.

Rép. 1° 326 fr. 41 ; 2° 4 kg. — 3° 1 fr. 28.

244. 240 kilog. de farine non blutée donnent un poids de 200 × 0,88 = 176 kil. de farine blutée. — La quantité d'eau absorbée par cette farine est de 167 × 0,57 = 100 kil. 32. La cuisson fait évaporer de cette eau 100,32 × 0,22 = ... 22 kil. 07

Reste . . . . 78 kil. 25

Avec 200 kilog. de farine non blutée on pourra donc faire 176 kg + 78 k. 25 = 254 kg. 250 g. de pain. — Réponse. 254 kilog. 250 gr.

245.

4ᵉ part = 4ᵉ part
3ᵉ part = 4ᵉ part + 120
2ᵉ part = 4ᵉ part + 120 + 215
1ᵉ part = 4ᵉ part + 120 + 215
___
Les 4 parts = 4 fois la 4ᵉ part + 790

On a 9600 = 4 fois la 4ᵉ part + 790 ; d'où
4 fois la 4ᵉ part = 9600 − 790 = 8810. D'où
La 4ᵉ part = $\frac{8810}{4}$ = ... 2202,50
du 3ᵉ part = 2202,50 + 120 = 2322,50
La 2ᵉ part = 2322,50 + 215 = 2537,50
La 1ᵉ part = ... 2537,50
___
Les 4 parts = ... 9600 fr.

246. 1 anne vaut 1 m. 20 ; 7 aunes $\frac{5}{100}$ valent 1,20 + 7,05 = 8 m. 46. — Pour faire une robe il faut 8 m. 46 ; pour en faire 25, il faut 8 m. 46 × 25 = 211 m. 50. — Pour une rob. d'enfant il faudra 8,46 + ⅔ p. pour 8 robes, il faudra 8,46 + ⅔ × 8 = 45 m. 12. — Il faudra donc en tout 211,50 + 45,12 = 256 m. 62. Réponse. 256 m. 62.

247. Il reste 12 − 4 = 8 personnes. — Les 8 personnes ont à payer pour celles qui se retirent chacune 5 francs, ensemble 5 × 8 = 40 francs. — Les 4 personnes qui se retirent avaient à payer chacune 40 : 4 = 10 fr. La part de chaque personne était donc de 10 francs et après le départ des 4 d'entre elles, elle est de 10 + 5 ou 15 francs pour chacune des 8 qui restent. — Le total de la dépense ou de 10 × 12 = 120 francs. Rép. 120 fr. et 15 fr.

248. Les cinq personnes consomment par quinzaine ¾ × 5 = 3 kg. 75. —
Si en 15 jours elles consomment 3 kg. 75
. . . . . 3,75 : 15
et en 10 ans ou en 3600 jours . . . . $\frac{3,75 \times 3600}{15}$ = 912 kg. 50. — Ces 912 kil. 50 coûtent 10 × 912,50 = 9125 fr. — (On admet que l'argent mis de côté chaque jour ne rapporte aucun intérêt.) Réponse. 9125 francs.

249. Les quatre hommes battent en 1 jour 70 × 4 = 280 gerbes. — Ces 280 gerbes donnent 280 × 3 = 840 litres de grain. — 175 hil. = 17500 litres. — Puisqu'on obtient 840 litres de grain en 1 jour, le nombre de jours nécessaires pour obtenir 17500 litres, est de 17500 : 840 = 20 jours ⅚.
2° Chaque gerbe donnant 3 litres de grain, le nombre de gerbes demandé est de 17500 : 3 = 5833 gerbes ⅓. — 3° Le travail durant 20 jours ⅚ et chaque homme recevant par jour 2 fr. 25, il revient à chaque homme 2 fr. 25 × 20 ⅚ = 46 fr. 875. — 4° Le battage total coûte 46 fr. 87 × 4 = 187 fr. 50 et par hectolitre 187,50 : 175 = 1 fr. 07¹. Rép. 1° 20 j ⅚ ; 2° 5833 gerbes ⅓ ; 3° 46 fr. 875 ; 4° 1 fr. 07.

250. En 15 jours, la mère et la fille finissent l'ouvrage ; en 1 jour elles en font $\frac{1}{15}$. — Pendant les 6 jours qu'elles ont travaillé ensemble, elles en ont fait $\frac{1}{15} \times 6 = \frac{6}{15} = \frac{2}{5}$. — Il en restait donc à faire $\frac{5}{5} - \frac{2}{5} = \frac{3}{5}$. — En 30 jours, la fille fait les ⅗ de la tapisserie ; pour faire toute la tapisserie ou les $\frac{5}{5}$, elle mettrait $\frac{30 \times 5}{3} = 50$ jours. En 1 jour elle fait donc $\frac{1}{50}$ de la tapisserie ; par conséquent, en 6 jours elle en a fait $\frac{1}{50} \times 6 = \frac{6}{50} = \frac{3}{25}$. Puisque pendant ce temps elles en ont fait à elles deux les ⅖, la mère en a fait $\frac{2}{5} - \frac{3}{25} = \frac{7}{25}$. Pour faire les $\frac{7}{25}$ de la tapisserie, la mère met 6 jours ; pour faire toute la tapisserie, elle mettrait $\frac{6 \times 25}{7} = 21$ j. 3/7. Réponse. La mère mettrait 21 j. 3/7 et la fille 50 jours. —

251. Quantité de foin récolté : 2400 × 6,65 = 15960 kil. — Prix de ce foin : $\frac{15960 \times 63}{1000}$ = 1005 fr. 48. — Par suite des irrigations, la récolte se trouve augmentée de 15960 : 2 = 7980 kil. ; elle s'élèvera donc, après ces irrigations, à 15960 + 7980 = 23940 kil. — Le foin se vendant, en outre, $\frac{1}{30}$ plus cher, se vendra les 1000 kil. 63 × $\frac{31}{30}$ = 65 fr. 10. et les 23940 kil. 65,10 × 23940 = 1558 fr. 494. — Le bénéfice résultant de l'amélioration du pré est donc de 1558,494 − 1005,48 = 553 fr. 014. — Le taux auquel on aurait dû placer 3072 fr. 30 pour rapporter 553 fr. 014 est de $\frac{553,014 \times 100}{3072,30}$ = 18 fr. Rép. 18 p. %.

252. Cette marchande a revendu une poire de la première moitié 0 fr. 15 et une poire de la deuxième moitié 0,30 : 3 = 0 fr. 10. — Elle a donc revendu la poire pour un prix moyen de (0,15 + 0,10) : 2 = 0,25 : 2 = 0 fr. 12½. Elle ne l'avait payé que 10 : 100 = 0 fr. 10 ; elle a donc gagné 25 fr. sur le tout, donc elle avait acheté 25 : 0,0½ = 1000 poires. Réponse. 1000 poires.

253. Comme on met 15 hectolitres de grain sur 100 ares, sur 65 ares, on en mettra

$15 \times 65 : 100 = 9$ décal. 75. Si l'on a semé en gros méteil, ces 9 décal. 75 renferment, en blé, $9,75 \times 3/4 = 7$ décal. 3125 ; et en seigle $9,75 - 7, 3125 = 2$ décal. 4375. — En semant du petit méteil, il faudra au contraire 7 décal. 3125 de seigle et 2 décal. 4375 de blé.

254. La somme des bases étant 600 et la plus petite base 44, le problème est ramené à celui-ci : La somme de deux nombres est 600 et leur différence 44. Quels sont ces nombres ? — Le double de la petite base est $600 - 44 = 556$. et la petite base $556 : 2 = 278$. La grande base est alors de $600 - 278 = 322$ m. Rép. 322 m. et 278 m.

255. La valeur des 103 obligations est de $90 \times 103 = 9270$ francs. — L'intérêt de 100 fr. pour 6 mois est de $6 \times 6 : 12 = 3$ fr. — Donc 103 fr. viennent de 100 fr. de capital

$$1\,fr. \quad . \quad . \quad . \quad . \quad 100 : 103$$
$$927\,fr. \quad . \quad . \quad (100 \times 9270) : 103 = 9000\,fr.$$

Réponse. 9000 fr.

256. Si ce marchand possédait $12648 + 264 = 12912$ francs, il aurait gagné 15 pour 0/0 de sa mise de fonds ; 12912 fr. représentent donc les $\frac{115}{100}$ de cette mise qui est évidemment de $(12912 \times 100) : 115 = 11227$ fr. 82. Rép. 11227 fr. 82.

257. 9 m, 30 coûtent évidemment $624, 75 - 502, 35 = 122$ fr. 40 et le mètre $122, 40 : 9,30 = 13$ fr. 161. — Le coupon contient $502, 35 : 13, 161 = 38$ m. 169 et le premier 38 m. $169 + 9$ m. $30 = 47$ m. 469. Réponse. Le 1er coupon contient 47 m. 469 et le 2e 38 m. 169.

258. Les 156 moutons ont coûté $18 \times 156 = 2808$ francs. — Les 80 moutons gras ont été revendus $80 \times 25 = 2000$ francs ; il reste $156 - 83 = 73$ moutons qui sont revendus $15 \times 73 = 1095$ francs. Les 156 toisons valent $2 \times 156 = 312$ francs. — On a donc retiré du troupeau $2000 + 1095 + 312 = 3407$ francs. — On a par conséquent gagné $3407 - 2808 = 599$ fr. Réponse. 599 fr.

259. La capacité du tonneau est de $0,75 \times 0,75 \times 0,75 = 0$ m³ 421 décim³ 875 $= 421$ lit. 875. — 1 litre d'huile pèse 0 k. 910 ; par suite le poids de l'huile contenue dans le tonneau est de $0,910 \times 421, 875 = 383$ kil. 90625. — Le tonneau d'huile pèse donc $383, 90625 + 50 = 433$ kilog. 90625.

Les 4 hl. 21875 ont coûté $65,75 \times 4, 21875 = \quad . \quad . \quad . \quad 277$ fr. 38
Le prix du transport est de $15, 25 \times 433, 90625 : 100 = \quad \underline{66\,fr. 1707}$
L'huile revient donc à $\quad 343$ fr. 5507

et le litre à $343, 5507 : 421, 875 = 0$ fr. 817. — Ce marchand veut gagner $\frac{12}{100}$ du prix d'achat ; l'huile doit donc être revendue les $\frac{112}{100}$ de ce qu'il a coûté, c'est-à-dire $0,817 \times \frac{112}{100} = 0$ fr. 91. Rép. 0 fr. 91.

260. Cette personne brûle en 1 jour $19 \times 3/4 = 14$ h. 25 . — 7 hl. 1/2 de charbon pèsent $82 \times 7 1/2 = 82 \times \frac{15}{2} = 615$ kg.
615 kilog. de charbon coûtent 26 francs.

$$1 kg. \quad . \quad . \quad . \quad . \quad . \quad 26 : 615$$
$$14 kg. 25 \quad . \quad . \quad . \quad . \quad \frac{26 \times 14, 25}{615} = 0\,fr. 60 . \quad — \text{Du premier novembre}$$

au premier février il y a $30 + 31 + 31 = 92$ jours. — Cette personne dépensera donc pour son chauffage $0,60 \times 92 = 55$ fr. 20. Réponse. 55 fr. 20.

261. 1°. Quand l'étoffe a 0 m. 70 de large, il en faut 8 m. 50

$$0, 01 \quad . \quad . \quad . \quad . \quad 2, 50 \times 0, 70$$
$$0 m. 80 \quad . \quad . \quad . \quad . \quad \frac{2, 50 \times 0, 70}{0, 80} = 7 \text{ mètres } 44.$$

2°. La 1re étoffe coûte $6, 25 \times 850 = 53$ fr. 125
La 2e — $0, 90 \times 7, 44 = \underline{6\,fr. 696}$

Les deux étoffes ont donc coûté 59 fr. 821, non compris la remise qui est de $\frac{2, 50 \times 59, 82}{100} = 1$ fr. 50. Le prix net des deux étoffes est donc de $59, 82 - 1, 50 = 58$ fr. 32. Rép. 1° 7 m. 44 ; 2° 58 fr. 32.

262. La 1re ouvrière a travaillé pendant $10 \times 6 = 60$ h. , la 2e pendant $13 \times 3 = 39$ h. et la 3e pendant 8 heures. — On aura la part de chaque ouvrière en partageant 16 fr. 64 en parties proportionnelles aux nombres 60, 39 et 8. — On trouvera pour la 1re ouvrière 9 fr. 33, pour la 2e 6 fr. 07 et pour la 3e 1 fr. 24.

263. 3 ans $= 365 \times 3 = 1095$ jours $= 24 \times 1095 = 26280$ heures $= 60 \times 26280 = 1576800$ minutes $= 60 \times 1576800 = 94608000$ secondes. — Les étoiles les plus rapprochées de nous sont à une distance de $75000 \ell \times 94608000 = 7094560000000$ lieues ou à $4 \times 7094560000000 = 283824000000$ km. Réponse. 28382400000 Myriamètres. —

264. Pour avoir 5 kg. de sucre il faut 100 kg. de betteraves

$$1 kg. \quad . \quad . \quad . \quad . \quad 100 : 5$$
$$60000 kg. \quad . \quad . \quad . \quad \frac{100 \times 60000}{5} = 1200000 \text{ kilog.}$$

Pour avoir 40000 kg. de bet. il faut 125 ares de terrain

1 kg. . . . . 125 : 40000

1200000 kg. . . . . . $\frac{125 \times 1200000}{40000}$ = 37 ha. 50.

1200000 kg. = 1200 tonnes. — 1 tonne valant 17 fr., 1200 tonnes valent 17 × 1200 = 20400 francs.

Rép. 37 ha. 50 ; 20400 francs.

265. Le côté du carré est 80 : 4 = 20 mèt. et la surface 20 × 20 = 400 mètres carrés ou 4 ares. Cet enclos vaut par conséquent 20 × 4 = 80 francs. — La surface du rectangle étant 28 × 12 = 336 m² ou 3 ares, 36, vaut 23 × 3,36 = 77 fr. 28. — Le voisin gagnerait donc 80 − 77,28 = 2 fr. 72. Rép. 2 fr. 72.

266. La surface du mur est de 4 × 9,6 = 38 m² 40 et celle du rouleau de 0,4 × 8 = 3 m² 20. — Le nombre des rouleaux employés est de 38,40 : 3,20 = 12, et le prix de ces rouleaux de 0,65 × 12 = 7 fr. 80.

Rép. 1° 12 rouleaux ; 2° 7 fr. 80.

267. 100 ares de vigne produisent 42 hl. 06 de vin | 180 lit. coûtent 68 fr. 75

1 a. . . . . . . 42,06 : 100 | 1 lit. . . . . 68,75 : 180

36 a. 07 . . . . $\frac{42,06 \times 36,07}{100}$ = 15 hl. 171 | 1517 lit. 10 . . . $\frac{68,75 \times 1517,10}{180}$ = 579 fr. 45

579 fr. 45 de monnaie d'or pèsent $\frac{5 \times 579,45}{15,50}$ = 186 gr. 92. — La valeur foncière de cette vigne est évidemment de $\frac{100 \times 579,45}{6}$ = 9657 fr. 50. Rép. 186 gr. 92 ; 9657 fr. 50.

268. D'après l'énoncé, 6 pommes du premier tiers ayant coûté 10 centimes, 1 pomme a coûté $\frac{10}{6}$ ou $\frac{5}{3}$ cent. — De même 1 pomme du 2ᵉ tiers a coûté $\frac{10}{4}$ ou $\frac{5}{2}$ cent. et 1 pomme du 3ᵉ tiers $\frac{10}{9}$ cent. Donc 3 pommes, dont une du premier tiers, une du 2ᵉ et une du 3ᵉ, ont coûté $\frac{5}{3} + \frac{5}{2} + \frac{10}{9}$ = $\frac{30}{18} + \frac{45}{18} + \frac{20}{18}$ = $\frac{95}{18}$ cent. — D'où le prix moyen d'une pomme est de $\frac{95}{18 \times 3}$ = $\frac{95}{54}$ cent. Or les pommes ont été revendues à raison de 6 pour 11 cent., ce qui fait par pomme $\frac{11}{6}$ ou $\frac{99}{54}$ cent. — Le bénéfice par pomme est de $\frac{99}{54} - \frac{95}{54} = \frac{4}{54}$ cent. — Donc autant de fois $\frac{4}{54}$ cent. sera contenu dans 32 cent. autant le marchand aura acheté de pommes. 32 : $\frac{4}{54}$ = 432. Rép. 432.

269. Cette maison use en 1 an 38 × 4 × 365 = 55 m³ 480 de gaz qui coûtent 0,30 × 55,480 = 16 fr. 644. — En s'éclairant avec de l'huile, cette maison dépenserait le double ; donc elle économise 16 fr. 644. Réponse. 16 fr. 644.

270. En 24 heures ou 1 jour cette vache mange l'herbe de 80 centiares

92 jours — 80 × 92 = 73 a. 60

Pour produire 1779 l. de lait il faut 7360 centia. | Pour produire 64 K. de beurre il faut 7360 centia.

1 lit. . . . 7360 : 1779 = 4 centia. 13. | 1 K. . . . . $\frac{7360}{64}$ = 1 a. 15 centia

Rép. 1° 4 m² 13 ; 2° 1 a. 15 centia ou 115 mètres carrés.

271. 1 mètre de la 1ʳᵉ qualité coûte 2,75 : 5 = 0 f. 55

1 mètre de la 2ᵉ qualité coûte 6 : 8 = 0 f. 75

1 mètre de la 3ᵉ qualité coûte 8,40 : 12 = 0 f. 70

3 m, 1 de chaque qualité, coûtent 2 fr. — Autant de fois 2 francs sont contenus dans 65 f 60, autant il y a de mètres de chaque qualité : 65,60 : 2 = 32 m. 80. Rép. 32 m. 80.

272. Volume de cette salle : 15,75 × 7,25 × 4,40 = . . . 502 m³ 425 décim³

Volume d'air nécessaire pour contenir 120 élèves 4 × 120 = 480 m³

Cette salle contiendrait en plus du volume d'air nécessaire 22 m³ 425 décim³.

La surface est de 15,75 × 7,25 = 114 m² 18 décim² 75 centim². — La surface nécessaire pour contenir 120 élèves étant 120 m², il manque à cette salle en superficie 120 − 114,1875 = 5 m² 81 décim² 25 centim². Réponse. Cette salle enfermerait en plus du volume d'air nécessaire 22 m³ 425 décim³ et il lui manquerait en surface 5 m² 81 décim² 25 centim².

273. Ce commerçant a donné à Marseille pour 25480 hectol., 4,50 × 25480 = 114660 francs de moins qu'il n'aurait donné à Paris. — Mais comme son bénéfice n'est que de 5096 fr., il a payé pour le transport 114660 − 5096 = 109564 fr.

Pour transporter 25480 hl. à 860 km. on a payé 109564 fr.

1 hl. à 860 km. — 109564 : 25480

. . 9564 : (25480 × 860) = 0 fr. 005

274. L'hectolitre pesant 75 kil. ou oq. 75, coûte $3f.40 \times 0,75 = 2f.55$. — Le wagon contenant 154 hl. coûte $2,55 \times 154 = 392 f.70$. *Réponse.* $392 f.70$; $2f.55$.

275. Le poids de 6000 hl. est de $82 \times 6000 = 492000$ kg. $= 492$ tonnes.

Pour transporter 1 tonne à 1 km. on paye $0f.08$

 — 492 t ... 1 km. — $0,08 \times 492$

 — 492 t ... 150 km. — $0,08 \times 492 \times 150 = 5904$ francs.

6000 hl. valent 600 m³. Le chargement coûte donc $\frac{1.25 \times 600}{15} = 50$ francs, et le prix total du transport est de $5904 + 50 = 5954$ francs. *Rép.* 5954 francs.

276. $2f.20 - 2f.$ ou $0f.20$ de différence sur le prix de 1 kg. entraîne une différence totale de $318,75 - 63,75 = 255 f.$ Le nombre de kilog. à vendre est donc de $255 : 0,20 = 1275$ kg. — Ce café a coûté $2,20 \times 1275 + 63,75 = 2868 f.75$. — Pour gagner $446f.25$ on devra vendre le kilog. $\frac{2868,75 + 446,25}{1275} = 2f.60$. *Rép.* 1° 1275 k. ; 2° 2868 f.75 ; 3° 2f.60.

277. La surface des 4 murs est de $(8,75 + 6,10)2 \times 3,50 =$ . . . . . . 103 m² 96

et leur surface du plafond de $8,75 \times 6,10 =$ . . . . 53 m² 375

          Total 157 m² 325

La surface des portes et des fenêtres est de $2,10 \times 1 \times 4 + 2,10 \times 1 = 2,10(4+2) = 2,10 \times 6 =$ 12 m² 60

     La surface blanchie est donc de 144 m² 725

Pour ne pas dépasser le crédit on ne devra pas donner à l'entrepreneur plus de $10,50 : 144,725 = 0f.0725$ par m².

278. La dépense pour 4 km.852 à 1250 fr. par km. est de $1250 \times 4,852 = 6065 fr.$ — On dépense chaque année $3022,50 : 5 = 604 f.50$. — Le chemin sera terminé dans $6065 : 604.5 = 10$ ans, si la 10ème année on ajoute 20 fr. à l'allocation ordinaire. — *Rép.* Ce chemin sera terminé dans 10 ans si la 10e année on ajoute 20 fr. à l'allocation ordinaire et il aura coûté $6065 f. + 20 = 6085$ francs. —

279. Le champ du premier propriétaire a une valeur de $3,25 \times 370085 = 1202776 f.25$ et celui du second une valeur de $5,75 \times 294700 = 1694525 fr.$ — Le premier propriétaire sera donc redevable à l'autre d'une somme de $1694525 - 1202776,25 = 491748 fr.75$.

280. Le $\frac{1}{3}$ de l'avoir de la 1re $=$ les $\frac{2}{5}$ de l'avoir de la 2ème

D'où $\overset{5/15}{5 \text{ fois l'avoir de la } 1^{re}} = \overset{6/15}{6 \text{ fois l'avoir de la } 2^{ème}}$

         $= \frac{6}{5}$ de l'avoir de la 2ème

Or, l'avoir de la 1re + l'avoir de la 2ème $= 1650 f.$ ou

$\frac{6}{5}$ de l'avoir de la 2ème + l'avoir de la 2ème ou $\frac{11}{5}$ de l'avoir de la 2ème $= 1650 f.$

            $\frac{1}{5} \cdots = 1650 : 11$

            $\frac{5}{5} \cdots = \frac{1650 \times 5}{11} = 750 f.$

L'avoir de la 2ème étant 750 f., l'avoir de la 1re est de $1650 - 750 = 900 f.$ *Rép.* 750 f. et 900 f.

281. 2 ha. 22 a. 06 centiares $= 22206$ centiares. — Comme on veut en labourer les $\frac{5}{6}$ à la charrue on en laboure seulement le $\frac{1}{6}$ à la bêche ou $22206 : 6 = 3701$ ares 01 centiare. —

 1 homme pour labourer 2 a. 07 centiares met . . met 6 heures

 15 hommes . . . . . 37 a. 01 centia. x

   D'où $x = \frac{6 \times 37.01}{2.07 \times 15} = 7 h. 9 m. 6 s.$ *Rép.* 7 h. 9 m. 6 s.

282. La longueur de l'étoffe, en aunes, est de $40 : 1,20 = 33$ aunes 1/33. — Il y a 5 petits enfants et $17 - 5 = 12$ grands. — Pour habiller les 5 petits enfants il faut $1,24 \times 5 = 6 a. 20$

   Pour habiller les 12 autres enfants il faut $2,18 \times 12 = 26 a. 16$

   Il faudra donc pour habiller les 17 enfants   32 a. 36

Il restera par conséquent $33,33 - 32,36 = 0 a. 97$. *Rép.* 0 au. 97 centiares.

283. Pour faire 3 omelettes on emploie $\frac{7 \times 24}{6} = 28$ œufs et $\frac{13 \times 28}{2} = 182$ gr. de beurre. — La dépense en beurre est de $\frac{1.40 \times 182}{500} = 0f.51$. *Rép.* 0f.51.

284. La superficie de la terre est de 47800 centiares ou 47800 mètres carrés. — Cette superficie devant être recouverte d'une couche de fumier de 0 m. 05 d'épaisseur, le volume du fumier nécessaire est de $47800 \times 0,05 = 2390$ m³. — Le mètre cube pesant 755 kilog, 2390 mètres cubes pèseront $755 \times 2390 = 1804450$ kg. — Le nombre de voitures nécessaires est de $1804450 : 200 = 9022$ voit. 1/4. *Rép.* 9022 voit. 1/4.

285. 1210 mètres de velours de soie valent $28 \times 1210 = 33880$ francs. — Or le mètre de velours de coton vaut 7 fr. 50, donc autant de fois 7,50 est contenu dans 33880, autant de mètres le premier marchand devra rendre à son confrère, $33880 : 7,50 = 4517$ m. 46. Rép. 4517 m. 46.

286. Un mouton de la première moitié a coûté à ce cultivateur $60 : 3 = 20$ francs, et 1 mouton de la seconde moitié $110 : 5 = 22$ francs — 2 moutons lui ont donc coûté, en moyenne, $20 + 22 = 42$ francs et 1 mouton $42 : 2 = 21$ francs — Il a vendu chaque mouton $250 : 10 = 25$ fr.; il a donc gagné sur 1 mouton $25 - 21 = 4$ francs. Comme il a gagné en tout 320 francs, il avait évidemment $320 : 4 = 80$ moutons. Réponse. 80 moutons. —

287. Au bout d'une année cette rentière dépense $6,50 + 250 + 325 + (375 \times 365) = 2593,75$ et ses recettes s'élèvent à $2600 + 2500 \times \frac{2}{100} = 2725$ francs. — Il lui reste donc au bout d'une année $2725 - 2593,75 = 131$ fr. 25 — Pour que ses dépenses fussent égales à ses recettes, elle devrait dépenser en plus en 365 jours, 131 fr. 25 et en 1 jour $131,25 : 365 = 0$ fr. 36. Réponse. 0 fr. 36.

288. Pour conduire 2425 mètres cubes, il faudra $2425 : 2,50 = 970$ journées de cheval. — La journée d'un cheval étant 5 francs, 970 journées valent $5 \times 970 = 4850$ francs. — 550 mètres carrés $= 550$ centiares $= 0$ ha. 0550. — La valeur du jardin est donc de $8000 \times 0,055 = 440$ francs. Le débiteur s'acquittera d'une somme de $4850 + 440 = 5290$ francs, c'est-à-dire qu'il s'acquittera entièrement.

289. Le nombre des morceaux de fonte est de $292,60 : 1,40 = 209$. — Le poids total de la fonte est de $317,45 \times 209 = 66347$ kg. 05. — 100 kg. coûtent 21 fr. 50

$$1 \text{ K} \quad — \quad 21,50 : 100$$
$$66347 \text{ k. } 05 \quad — \quad \frac{21,50 \times 66347,05}{100} = 14264 \text{ fr. } 61.$$

Le double parapet coûtera 14264 fr. $61 \times 2 = 28529$ fr. 23. Réponse. 28529 fr. 23.

290. 28 décal. font en m³ 28; le 1/10 du mètre cube pesant 991 kg., 28 décalit. peseront $991 \times 2,8 = 2774$ kg. 8, ou, à 1 hectog. près 2775 kg. — Si 1/10 de mètre cube ou 100 litres pèsent 991 hectog., il y a autant de fois 100 litres dans la quantité donnée de vin qu'il y a de fois 991 kg. dans 19 kg. 99 : $199,9 : 991 = 0,2017$. — Le volume demandé est donc à 1 décil. près $0,2017 \times 100 = 20$ lit. 17.
Réponses : 1° 2775 kg.; 2° 20 lit. 2 à 1 décilit. près. —

291. Le premier étage surpasse de 2m.50 le 2e étage et de 2m.80 le troisième. — Si le rez-de-chaussée et les trois étages avaient la même hauteur, la maison aurait une hauteur de 11m.50 + 2m.50 + 2m.80 = 16m.80. — 16m.80 exprime évidemment 4 fois la hauteur du rez-de-chaussée; cette hauteur est donc de $16,80 : 4 = 4$m.20 — La hauteur du premier étage est aussi de 4m.20; celle du 2ème est de 4m.$20 - 2$m.$50 = 1$m.70 et celle du 3e de $1,70 - 0,30 = 1$m.40.
Preuve : $4,20 + 4,20 + 1,70 + 1,40 = 11$m.50. —

292. Les 5 hommes peuvent battre par jour $80 \times 5 = 400$ gerbes. — Ces 400 gerbes donnent $3 \times 400 = 1200$ lit. $= 12$ hl. de blé. — Il faut donc pour battre 150 hectol. $150 : 12 = 12$ ½ journées de travail. — Chaque homme a battu $80 \times 12\frac{1}{2} = 80 \times \frac{25}{2} = 1000$ gerbes. — Chaque homme devrait donc recevoir $2,50 \times 12\frac{1}{2} = 2,50 \times 12,50 = 31$ fr. 25. — Mais comme le maître retient $\frac{1}{26}$, l'ouvrier ne recevra que les $\frac{25}{26}$ de 31 fr. 25 ou 31 fr. $25 \times \frac{25}{26} = 30$ fr. 048. — Rép. 1° 12 journées ½; 2° 1000 gerbes; 3° 30 fr. 048. —

293. Au bout de 2 ans, le pensionnat aura $25 + 7 = 32$ élèves. —
Pour 25 élèves quand l'étoffe a 5/4 de large, il en faut 145 mètres

$$
\begin{array}{rccl}
— 1 & \ldots & \frac{5}{4} & \ldots & \frac{145}{25} \\
— 1 & \ldots & \frac{1}{4} & \ldots & \frac{145 \times 5}{25} \\
— 1 & \ldots & \frac{4}{4} \text{ ou } \frac{6}{6} & \ldots & \frac{145 \times 5}{25 \times 4} \\
— 1 & \ldots & & \ldots & \frac{145 \times 5 \times 6}{25 \times 4} \\
— 1 & \ldots & & \ldots & \frac{145 \times 5 \times 6}{25 \times 4 \times 5} \\
— 32 & \ldots & & \ldots & \frac{145 \times 5 \times 6 \times 32}{25 \times 4 \times 5} = 278 \text{ m. } 40.
\end{array}
$$

Ces 278 m. 40 ont coûté $5,25 \times 278,40 = 1461$ fr. 80. Rép. 1° 278 m. 40; 2° 1461 fr. 80.

294. Chaque année l'ouvrier recevra $975 : 7 = 139$ fr. 28. — D'après l'énoncé 139 fr. 28 représentent les 5/6 de la recette nette qui doit alors être de $139,28 \times \frac{6}{5} = 167$ fr. 14. —

La rétribution totale doit se composer :
1° de la rente nette ou de 167 fr. 14
2° du loyer qui est de . 300 f
3° de l'entretien qui est de 450 f.
          Total   917 fr. 14 — La rétribution par mois est de 917, 14 : 11 =
83 f. 37, et pour chaque élève elle est de 83, 37 : 37 = 2 fr. 25. Réponse 2 fr. 25.

295. Les deux fontaines coulant ensemble et la deuxième fournissant deux fois plus d'eau que la première, ont fourni en 8 heures, la même quantité d'eau que si la première avait coulé seule pendant 8 × 3 = 24 heures. Or la première avait déjà rempli les 2/15 du bassin quand on a ouvert le robinet de la deuxième ; il restait donc à remplir les 13/15. —

$$\frac{13}{15} \text{ sont remplis en 24 heures}$$
$$\frac{1}{15} \quad . \quad . \quad . \quad . \quad 24 : 13$$
$$\frac{2}{15} \quad . \quad . \quad . \quad \frac{24 \times 2}{13} = 3 h. 41 m. 32 s. \quad \text{Réponse. } 3 h. 41 m. 32 s.$$

296. Déterminons d'abord la contenance du bassin. — 5 jours 7 heures 23 m. valent 7643 minutes. — En 167 minutes la prise d'eau donne 7 hl. 1/3

$$\begin{aligned} &1 m. \quad . \quad . \quad . \quad . \quad . \quad 7^{1/3} : 167 \\ &7643 m. \quad . \quad . \quad . \quad \frac{7^{1/3} \times 7643}{167} = 335 \, hl. \, 62 \, lit. \end{aligned}$$

Le poids de 33562 lit. est de 33562 kil.
   1 cheval vapeur pour élever 75 kg. à un mètre met 1 seconde
   5 chevaux . . . . 75 kg. à 1 m. — $\frac{1}{5}$
   5 chevaux . . . . 1 kilg à 1 m. — $\frac{5 \times 75}{1}$
   5 chevaux . . . 33562 kg. à 1 m — $1 \times 33562 : (5 \times 75)$
   5 chevaux . . . 33562 kg à 9 m. 37 — $1 \times 33562 \times 9, 37 : (5 \times 75) = 13 m. 58$
                                        Réponse. 13 m. 58.

297. Le premier robinet coulant seul aurait évidemment rempli le bassin en 4 + 4 + 4 + 2 = 14 heures. — Si en 14 heures le premier robinet eut rempli le bassin, le second qui donne 1 fois 1/2 plus d'eau mettrait 1 fois 1/2 moins de temps, c'est-à-dire 14 : 1,50 = 9 h. 20 m. Réponse Le premier robinet aurait mis 14 h. et le second 9 h. 1/3.

298. Les 3 robinets ont donné juste autant d'eau que si le premier et le troisième avaient coulé le même temps que la deuxième. Mais s'ils avaient coulé tous le même temps, ils auraient mis 24 : 3 = 8 heures. Le second a donc coulé 8 heures. Le premier ayant coulé 10 heures, l'intervalle était de deux heures. — En effet 10 + 8 + 6 = 24 heures. Rép. 24 h.

299. Déterminons la portion du bassin remplie par le premier robinet pendant 2 h. 1/2 qu'il coule seul et pendant 10 h. 1/4 qu'il coule avec l'orifice inférieur et le 2ᵐᵉ robinet
   En 15 h. 1/2 ou en $\frac{31}{2}$ heu. le premier robinet remplit le bassin
$$\overline{\frac{1}{2} h.}$$
   En 2 h. 1/2 ou en 5/2 h. ou en 10/4 d'h. $\frac{1}{31} du bassin$
                    En 1/4 d'h $\frac{1}{31} \times 5$
      En 10 h. 1/4 ou en $\frac{41}{4}$ h. $\frac{5}{31 \times 10} = \frac{1}{31 \times 2} = \frac{1}{62}$
                                                   $\frac{41}{62}$ du bassin
Déterminons ensuite la portion du bassin remplie en 10 h. 1/4 par le 2ᵐᵉ robinet
   En 12 h. 1/4 ou $\frac{49}{4}$ le deuxième robinet remplit 1 bassin
$$\overline{\frac{1}{4} h.}$$
   En 10 h. 1/4 ou en $\frac{41}{4}$ $\frac{1}{49}$
                                                   $\frac{1}{1 \times 49}$
                                                   $\frac{41}{49}$ — Pendant 2 h. 1/2 que le premier robinet a coulé seul et pendant 10 h. 1/4 que le premier et le 2ᵐᵉ ont coulé ensemble, ils ont rempli $\frac{5}{31} + \frac{41}{62} + \frac{41}{49}$ ou $\frac{490}{3038} + \frac{2009}{3038} + \frac{2542}{3038} = \frac{5041}{3038}$ — L'orifice inférieur a évidemment vidé en 10 h. 1/4) $\frac{5041}{3038} - \frac{3038}{3038} = \frac{2003}{3038}$ — Nous dirons donc
      Si $\frac{2003}{3038}$ du bassin sont vidés en $\frac{41}{4}$ d'h.

$$\frac{\frac{3038}{3038}}{\frac{2003}{3038}} \qquad \frac{\frac{41}{4} \times 3038}{41 \times 2003} = 15 h. 32 m. \quad \text{Rép. } 15 h. 32 m.$$

300. 1° Un mètre cube contient 1000 décim³ ou 1000 lit. 2° La fontaine donne 6 lit. en 1 seconde
   Pour vider 5 litres le trou met 1 m.   1 lit. 1/6 de s.
      1 lit. . . . . . 1/5   1000 lit. . $\frac{1000}{6} = 2 m. 46 s.$
      1000 lit. . . . 1000 : 5 = 3 h. 20
3° La fontaine donne 6 litres à la seconde ou 6 × 60 = 360 litres à la minute et le trou ne débite que 5 litres à la minute ; le bassin se remplira donc par minute de 360 − 5 = 355 litres. —

355 litres sont donnés en 1 minute

1 lit. . . . . 1 : 355

1000 lit. . . . . . . $1 \times 1000 : 355 = 2\,m.\,49\,s.$ Rép. 1° 3 h. 20 m. ; 2° 2 m. 46 s. ; 3° ...

301. La 1re et la 2e remplissant le bassin en 1 h. 1/6 ou 7/6 d'h. .

La 2e et la 3e . . . . 2 h. 1/2 ou 5/2 h.

La 1re et la 3e . . . . 3 h. 1/8 ou 25/8 h.

Donc la première et la deuxième remplissent en 1 heure les 6/25 du bassin

La 2e et la 3e 2/5

La 1re et la 3e 8/25

$$\frac{6}{25} + \frac{2}{5} + \frac{8}{25} = \frac{6}{25} + \frac{10}{25} + \frac{8}{25} = \frac{24}{25}.$$

24/25 du bassin représentant deux fois la portion remplie en 1 heure par les trois fontaines coulant ensemble, cette portion est donc 12/25. La 1re font. remplit en 1 h. $\frac{12}{25} - \frac{10}{25} = \frac{2}{25}$ du bassin

La 2ème font. . . . — $\frac{12}{25} - \frac{8}{25} = \frac{4}{25}$

La 3e font. . . . — $\frac{12}{25} - \frac{6}{25} = \frac{6}{25}$

Pour remplir les 2/25 du bassin la première font. met 1 heure

$$\frac{\frac{2}{25}}{\frac{25}{25}} \qquad \frac{1 \times 25}{2} h. \text{ ou } 12 h. 1/2$$

On trouverait de même que la deuxième font. remplirait le bassin en 6 h. 1/4 et la 3ème en 4 h. 1/6.

302. La 1re fontaine remplissant tout le bassin en 4 h. 48 minutes, ou en 288 minutes en a rempli en 1 minute $\frac{1}{288}$ et en 1 h. 36 m. ou en 96 minutes qu'elle a coulé seule, $\frac{1 \times 96}{288} = \frac{1}{3}$. Il en resterait donc les 2/3 à remplir quand on a fait arriver l'eau d'une autre fontaine. Pendant les 48 minutes que les deux fontaines ont coulé ensemble pour achever de remplir le bassin, la première fontaine en a rempli $\frac{48}{288} = \frac{1}{6}$ et le deuxième $\frac{2}{3} - \left(\frac{1}{3} + \frac{1}{6}\right) = \frac{1}{2}$.

Pour remplir 1/2 du bassin la seconde fontaine met 48 minutes

1/2 ou 1 bassin . . . . . . $48 \times 2 = 96$ minutes

1/3 du bassin . . . . $96 : 3$

1/8 du bassin . . . . $\frac{96 \times 1}{8} = 1 h. 4 m.$

Si la première fontaine avait cessé de couler au moment où la seconde à commencé, celle-ci aurait donc mis 1 h. 4 m. pour achever de remplir le bassin. — Les deux fontaines coulant ensemble, remplissent en 1 minute $\frac{1}{288} + \frac{1}{96} = \frac{1}{72}$ du bassin. —

Pour remplir 1/72 du bassin les deux fontaines mettent 1 minute

$$\frac{\frac{1}{72}}{\frac{72}{72}} \qquad 1 \times 72 = 1 h. 12 m.$$

Rép. 1° 1 h. 4 m. ; 2° 1 h. 12 m.

303. Les trois ouvriers travaillant chacun 2 jours feraient $\frac{2}{12} + \frac{2}{13} + \frac{2}{15} = \frac{195}{2340} + \frac{180}{2340} + \frac{156}{2340}$

$\frac{531}{2340} = \frac{177}{780}$ de l'ouvrage. — Travaillant ensemble 1 jour ils feraient $177 : 780 \times 2 = \frac{177}{1560}$ de l'ouvrage. — Pour faire $\frac{177}{1560}$ de l'ouvrage ils mettent 1 jour

$$\frac{\frac{177}{1560}}{\frac{1560}{1560}} \qquad \frac{1 \times 1560}{177} = 8 \text{ jours } \frac{48}{59}. \quad \text{Rép. } 8 j. \frac{48}{59}.$$

304. 13 jours 1/3 = 40/3 de jours. — En 40/3 de jour un ouvrier fait l'ouvrage

$$\frac{40}{3} j. \qquad \frac{1}{\frac{40}{3}}$$
$$\frac{2}{3} j. \qquad \frac{\frac{1}{40}}{3}$$
$$\frac{1}{2} j. \qquad \frac{\frac{3}{40} \times 2}{}$$
$$\frac{1}{16} j. \qquad \frac{2 \times 16}{40 \times 3} = \frac{6}{25}$$

Quand le deuxième ouvrier a commencé, le premier avait déjà fait 6/25 de l'ouvrage. — Il ne restait donc plus à faire que $\frac{25}{25} - \frac{6}{25} = \frac{19}{25}$ de l'ouvrage. — L'habileté du premier ouvrier étant 9, l'habileté du second sera 10 ; en partageant 19/25 en parties proportionnelles aux nombres 9 et 10, on aura la portion de l'ouvrage qui restait à faire par chaque ouvrier. — On trouve pour le premier ouvrier 9/25 de l'ouvrage et pour le second 10/25. Le premier a donc fait en tout $\frac{6}{25} + \frac{9}{25} = \frac{3}{5}$ de l'ouvrage et le second $\frac{10}{25} = \frac{2}{5}$. — Par conséquent, il revient au premier ouvrier $\frac{56,76 \times 3}{5} = 34 fr. 056$ et au second $\frac{56,76 \times 2}{5} = 22 fr. 704$. Rép. 34 fr. 056 ; 22 fr. 704.

305. En 1 jour la 1re compagnie fait 1/15 ou 4/60 de l'ouvrage

La 2e . . . . 1/12 ou 5/60

En 1 jour la troisième compagnie a fait 1/10 ou 6/60 de l'ouvrage. — En 1 jour les trois compagnies réunies font 4/60 + 5/60 + 6/60 ou 15/60 de l'ouvrage ; pour faire tout l'ouvrage elles ont mis 1 : 15/60 = 60/15 = 4 jours. —

La première compagnie a fait, en 4 jours, 16/60 de l'ouvrage

La deuxième 20/60

La troisième 24/60

                    Total   60/60

On aura la somme reçue par chaque compagnie en partageant 450 en parties proportionnelles aux nombres 16, 20 et 24. — On trouvera que la première compagnie reçoit 120 fr., la deuxième 150 et la 3ème 180. — Le nombre des ouvriers de chaque compagnie est, pour la première, de 120 : 3,75 = 8 ; pour la 2ème de 150 : 3,75 = 10 ; pour la 3ème de 180 : 3,75 = 12. Rép. 1° 4 jours ; 2° 120 fr., 150 fr. et 180 fr. ; 3° 8 ouv., 10 ouv. et 12 ouv.

306. Si la 3ème troupe mettait 144 = 12 jours, la 2ème mettrait 12 × 3/4 = 9 jours et la 1re 9 × 2/3 = 6 jours. — Dans cette hypothèse, la 3e troupe ferait en 1 jour 1/12 de l'ouvrage ; la 2ème 1/9 et la 1re 1/6. Mais en réalité les 3 troupes réunies font en 1 jour 1 : 9 3/13 de l'ouvrage. On aura donc la portion creusée en 1 jour par chaque troupe en partageant 1 : 9 3/13 en parties proportionnelles aux fractions 1/12, 1/9, 1/6. — On trouvera que la première troupe fait en 1 jour 1/20 de l'ouvrage ; la 2e troupe 1/30 et la 3ème 1/40. — Il aurait donc fallu à la première 20 jours, à la 2ème 30 j. et à la 3ème 40 jours. —

307. Des 233 km. chaque voyageur parcourra une portion proportionnelle à sa vitesse. Or le premier voyageur mettant 5 heures et le second 4 pour faire un même chemin, la vitesse du premier est à celle du second :: 4 : 5. Il faut donc diviser 233 en parties proportionnelles à 4 et à 5. — On a pour la première part $\frac{233}{9} × 4$ = 103 km. 555 ... et pour la seconde $\frac{233}{9} × 5$ = 129 km. 444. — Ces longueurs parcourues représentent les distances du point de rencontre aux deux villes. —

308. On parcourt en cabriolet 45100 × 76/100 = 34276 m. ; et à pied 45100 − 34276 = 10824 mètres en 1 heure 54 minutes ou en 114 minutes.

En 42 minutes on fait 6300 pas

    1 m. . . . . . .   6300 : 42

    114 m.   6300 × 114 : 42 = 17100 pas. — La longueur

moyenne du pas est de 10824 : 17100 = 0 m. 6327. Réponse. 0 m. 6327.

309. Le premier voyageur mettant 6 heures et le second 3 h. 1/3 pour faire le même chemin, la vitesse du second est à celle du premier :: 6 : 3 1/3 ou :: 6 : 10/3 ou :: 18 : 10 ou :: 9 : 5. — Donc quand le premier voyageur aurait fait 100 lieues, le second aurait dû en faire les 9/5 de 100 ou 180. — Réponse. 180 lieues.

310. Quand le cavalier se met en route, le premier voyageur a déjà marché pendant 7 h. 42 m. — 6 h = 1 h. 42 m. et il a parcouru dans ce temps 4100 × 102 : 60 = 6970 mètres. — Le cavalier doit gagner sur le premier voyageur ces 6970 mètres. Or en 1 heure il gagne 9200 − 4100 = 5100 mètres ; Donc

    Si 5100 mètres sont gagnés en 1 heure ou en 60 minutes

    1 m. . . . . . .   60 : 5100

    6970 m. . . . . . .   6 × 6970 : 5100 = 82 m. ou 1 h. 22 m.

Le cavalier rejoindra donc le premier voyageur à 7 h. 42 m. + 1 h. 22 = 9 h. 4 m. et il le rejoindra à 6970 + $\frac{4100 × 82}{60}$ = 12573 m. 33 du point de départ. Rép. 1° 7 h. 22 m. ; 2° 12573 m. 33.

311. Le deuxième voyageur a 13 myriam. à gagner pour le rejoindre. Or en 1 jour il gagne 4 myriam. 3 − 3 myriam. = 1 myriam. 3. — Donc autant de fois 13 contiendra 1,3, autant de jours le 2e voyageur mettra pour rejoindre le premier voyageur. 13 : 1,3 = 10 jours.

312. Lorsque le 2e courrier se met en marche, le premier a déjà parcouru 30 × 10 = 300 km. Il a donc 138 + 300 = 438 km. à gagner sur le premier pour le rejoindre. Or le deuxième fait 60 : 7 = 8 km. 571 en 1 heure tandis que le premier n'en fait que 30 : 4 = 7,5 ; de sorte qu'en 1 heure il gagne sur le premier 8,571 − 7,50 = 1 km. 071. — Autant de fois la distance qui les sépare ou 438 km. contiendront 1 km. 071, autant d'heures le deuxième sera pour rejoindre le premier : 438 : 1,071 = 408 heures $\frac{1032}{1071}$ = 408 h. $\frac{344}{357}$.

En 1 heure le deuxième courrier parcourt 8 km. 571

    408 h. $\frac{344}{357}$ . . . . . .   8,571 × 408 $\frac{344}{357}$ = 3505 km. ???

La distance du point de départ du deuxième ...

et elle du point de départ du premier courrier au point de rencontre de 3505, 227 − 138 = 3367 km. 227.

Rép. 408 k. $\frac{244}{357}$; 3505 km. 227 ; 3367 km. 227.

313. Le premier cheval ferait 8 lieues ou 32 km. par jour et occasionnerait une dépense de 3 + 2 = 5 fr. Donc, . . . transporté à 32 km. la charge coûte 5 fr.

. . . . . 1 km. . . . . . $\frac{5}{32}$

. . . . . 300 km. . . . . . $\frac{5 \times 300}{32}$ = 46 fr. 875

En 1 jour les deux chevaux transporteraient la charge à 1 $\frac{2}{10} \times 10$ = 12 lieues ou 48 kilom. — Les deux chevaux occasionneraient une dépense journalière de 5 + 1,50 = 6 fr. 50. — Donc transporté à 48 km. la charge coûterait 6 fr. 50

. . . . . 1 km. . . . . . 6,50 : 48

. . . . . 300 km. . . . . . $\frac{6,50 \times 300}{48}$ = 40 fr. 625

Le second mode de transport donnerait donc une économie de 46,875 − 40,625 = 6 fr. 25.

Rép. Le second mode de transport serait le plus avantageux.

314. Le premier train fait en 1 heure 230 : 5 = 46 km., et le second 96 : 3 = 32 km. — À 7 h. 15 m. le premier train avait déjà parcouru $\frac{46 \times 15}{60}$ = 11 km. 5 et il avait sur le second un retard de 36 − 11,5 = 24 km. 5 ; mais comme il gagne par heure 46 − 32 = 14 km. sur le second, autant de fois 14 sera contenu dans 24, 5, autant il sera d'heures pour le rencontrer 24,5 : 14 = 1 h. 45 m. — La rencontre aura donc lieu à 7 h. 15 m. + 1 h. 45 m. = 9 h. —

En 1 heure ou en 60 m. le premier train parcourt 46 kilom.

. . . . . 1 m. . . . . . 46 : 60

et en 1 h. 45 ou en 105 m. . . . . . $\frac{46 \times 105}{60}$ = 80 km. 5. —

La rencontre aura donc lieu à une distance de Mézières de 80,5 + 11,5 = 92 km.

Réponse. Les deux trains se rencontreront à 9 heures et à une distance de Mézières de 92 km.

315. Le courrier fait en 1 heure $\frac{136}{15}$ de km. et le chemin de fer 40 km. — Le rapport demandé est donc 40 : $\frac{136}{15}$ = $\frac{40 \times 15}{136}$ = $\frac{75}{17}$. — Le temps nécessaire pour aller en chemin de fer de l'une à l'autre de ces deux villes est 136 : 40 = 3 h. 24 m. Rép. 1° $\frac{75}{17}$; 2° 3 h. 24 m.

316. En 1 heure, les deux courriers font, le premier, 69 $\frac{2}{5}$: 4 $\frac{1}{7}$ = $\frac{347}{5}$: $\frac{29}{7}$ = $\frac{347 \times 7}{5 \times 29}$ = $\frac{2429}{145}$ = 16 km. 751 et le second 74 $\frac{2}{3}$: 3 $\frac{1}{8}$ = $\frac{1792}{75}$ = 23 km. 893. — Lorsque ce dernier se met en route, celui qui part de Paris a déjà marché pendant 8 h. 8 m. − 5 h. 25 m. ou 7 h. 68 m. − 5 h. 25 m. = 2 h. 43 m. ; et il a parcouru 16,751 × 2 $\frac{43}{60}$ = 45 km. 506. — La distance qui les sépare alors n'est plus que de 120 − 45,506 = 74 km. 4 En 1 heure ils se rapprochent de 16,751 + 23,893 = 40 kilom. 644 ; ils se rencontreront donc quand le deuxième aura marché pendant 74,494 : 40,644 = 1 h. 49 m. — Or à ce moment il sera évidemment 8 h. 8 m. + 1 h. 49 m. = 9 h. 57 m. — En 1 heure 49 m. le courrier qui part de Paris a fait 16,751 × $\frac{49}{60}$ = 30 km. 430. Au moment de la rencontre les courriers étaient donc à une distance de Paris de 45,506 + 30,430 = 75 km. 936. Rép. 9 h. 55 m. ; 75 km. 936.

317. Dans le premier cas ce courrier faisant en 3 heures 9 lieues, faisait en 1 heure 9 : 3 = 3 lieues. Dans le deuxième cas il aurait fait en 1 heure 2 lieues et il aurait dû mettre $\frac{1}{2}$ h. en plus pour achever les trois lieues. — Un retard de $\frac{1}{2}$ heure suppose donc 3 lieues. Un retard de 1 heure en suppose 6, et un retard de 9 h. $\frac{17}{24}$ en suppose 6 × 9 $\frac{17}{24}$ = 58 lieues $\frac{1}{4}$. Réponse. 58 lieues $\frac{1}{4}$.

318. Pour faire 6 lieues à raison de 2 lieues à l'heure, il faut 6 : 2 = 3 heures. Pour faire 6 lieues à raison de 3 lieues à l'heure, il faut 2 heures. — Ce courrier se trouvait donc en retard de $\frac{1}{4}$ heures ; mais étant arrivé à sa destination à l'heure fixée, il a gagné 5 heures. Or il gagnait 1 heure par 6 lieues, donc pour gagner 5 heures il a fait 6 × 5 = 30 lieues. Rép. 30 lieues.

319. Le premier courrier a voyagé pendant 5 + 2 = 7 heures et dans ce temps il a fait 4 $\frac{1}{2} \times 7$ = $\frac{9}{2} \times 7$ = 31 lieues $\frac{1}{2}$. Le second courrier ayant parcouru la même distance a également fait 31 lieues mais il ne fait que 2 lieues $\frac{1}{2}$, donc il a marché pendant 31 $\frac{1}{2}$: 2 $\frac{1}{2}$ = $\frac{63}{2}$: $\frac{5}{2}$ = $\frac{63}{5}$ = 12 h. 36 m. Le second courrier ayant voyagé pendant 12 h. 36 m. sans s'arrêter et le premier pendant 7 heures seulement, il en résulte que celui-ci s'est arrêté pendant 12 h. 36 m. − 7 h. = 5 h. 36 minutes. —

Rép. 5 heures 36 minutes. —

320. Cherchons d'abord la distance que parcourt cet homme en 1 heure. — Il est parti de Mézières à 5 h. $\frac{3}{4}$ et il est arrivé à Vouziers à 1 h. $\frac{3}{4}$; il a par conséquent mis 8 heures pour faire le trajet. — Si en 8 heures il a fait 52 kilomètres, en 1 heure il a fait 52 : 8 = 6 km. $\frac{1}{2}$ Le lendemain il part de Vouziers à 7 h. $\frac{1}{2}$ pour revenir à Mézières ; par conséquent la veille à l

— 61 —

même heure, il avait déjà marché pendant $7h.\frac{1}{2} - 5h.\frac{3}{4} = 1h.\frac{3}{4}$, et il avait parcouru une distance de $6\frac{1}{2} \times 1\frac{3}{4} = 11$ Km. $\frac{3}{8}$. Puisqu'il a marché chaque jour avec la même vitesse, le point de la route se trouve donc à la moitié de la distance qu'il y a entre Vouziers et le lieu situé à 11 Km. $\frac{3}{8}$ de Mézières. Or, le lieu situé à 11 Km. $\frac{3}{8}$ de Mézières est à une distance de Vouziers de $52 - 11\frac{3}{8} = 40$ Km. $\frac{5}{8}$. Le point de la route est donc à $40\frac{5}{8} : 2 = 20$ Km. $\frac{5}{16}$ de Vouziers et à $20\frac{5}{16} + 11\frac{3}{8} = 31$ Km. $\frac{11}{16}$ de Mézières. Rép. à 20 Km. $\frac{5}{16}$ de Vouziers et à 31 Km. $\frac{11}{16}$ de Mézières.

321. Pour que la grande aiguille rencontre de nouveau la petite, il faut qu'elle gagne sur celle-ci les $\frac{11}{12}$ du cadran ou le cadran tout entier. — Or quand la grande aiguille parcourt tout le tour du cadran, la petite n'en parcourt que le $\frac{1}{12}$. — En 1 heure la grande aiguille gagne donc sur la petite les $\frac{11}{12}$ du cadran. —

Si les $\frac{11}{12}$ du cadran sont gagnés en 1 heure

$$\frac{1}{\frac{1}{12}} \qquad \frac{1 \times 12}{11} = 1h.\ 5\ m.\ \frac{5}{11}.$$

Pour avoir la deuxième, la troisième, etc. rencontre il suffit évidemment de multiplier $1h. 5 m. \frac{5}{11}$ successivement par les nombres entiers 2, 3, 4, 5, etc. On trouvera ainsi qu'il y aura 12 rencontres en comptant celle de midi et celle de minuit.

322. À 4 heures la grande aiguille était sur midi et la petite sur 4 heures ; nous pouvions donc considérer la grande aiguille comme étant en retard de 20 minutes sur la petite. Or sur 60 minutes la grande aiguille gagne sur la petite 55 minutes. — Nous devons donc

Pour gagner 55 minutes sur la petite aiguille, la grande fait 60 minutes

$$1\ m. \qquad\qquad \frac{60 \times 20}{55} = 21\ m.\ \frac{9}{11}.$$
$$20\ m.$$

Rép. Il est 4 h. 21 m. $\frac{9}{11}$.

323. À 4 heures la petite aiguille était sur 20 minutes. — Il suffit donc de trouver le nombre de minutes qu'a parcourues la petite aiguille pendant que la grande ma parcouru 25. — Quand la grande aiguille parcourt 60 minutes, la petite n'en parcourt que 5.

$$id. \qquad 1\ m. \qquad \frac{5}{60}$$
$$id. \qquad 25\ m. \qquad \frac{5 \times 25}{60} = 2\ m.\ \frac{5}{60}$$

La petite aiguille marque donc 22 m. $\frac{5}{60}$ ou 22 m. $\frac{1}{12}$. — Rép. entre la 22e et la 23e div.

324. Quand cette pend. aura marqué 23h. $\frac{1}{4}$ il se sera écoulé 24 h.

$$1h. \qquad\qquad 24 : 23\frac{1}{4}$$
$$6h. \frac{1}{4} \qquad\qquad \frac{24 \times 6\frac{1}{4}}{23\frac{1}{4}} = 6h.\ 27\ m.\ 61s.$$

Rép. 6h. 27m. 61s.

325. Pour marquer de nouveau la même heure, la montre qui avance doit évidemment gagner sur l'autre 12 heures.

Elle gagne $\frac{1}{2}$ h. en 1 heure
— 1 h. en 2 h.
— 12 h. en 24 h.

Les deux montres marqueront donc de nouveau la même heure au bout de 24 heures.

326. Le tour du cadran est de 60 minutes. — Puisqu'il faut avancer l'aiguille des minutes des $\frac{4}{5}$ du tour du cadran pour avoir l'heure exactement, il en résulte que cette montre était en retard de $60 \times \frac{4}{5} = 48$ m. ou 2880 secondes. — La montre retardant de $\frac{1}{5}$ de seconde par minute, retarde de 1 seconde en 5 minutes. — Donc

Pour retarder de 1 seconde il faut 5 minutes

$$2880\ s. \qquad\qquad 5 \times 2880 = 14400\ m.\ \text{ou}\ 14400 : 60 =$$

240 heures ou 10 jours. — Or en comptant 10 jours, à partir du jeudi, on arrive au dimanche à midi précis. — Rép. Le Dimanche à midi précis. —

327. La deuxième montre partant de 4 heures a une avance de 4 heures ou 240 m. sur la première, par conséquent pour que ces deux montres soient d'accord, il faut que la deuxième retarde de l'avance qu'elle a sur la première. — Or pour retarder de 4 heures elle mettra 6 fois plus de temps ou 60 heures = 2 jours $\frac{1}{2}$. — La première montre étant partie de midi, elles seront d'accord dans la nuit du 3e jour à minuit. —

328. Nous remarquerons d'abord qu'en se retrouvant au même point après 10 jours, ou $24 \times 10 = 240$ heures de marche, il faut nécessairement qu'il y ait eu entre les deux pendules la différence d'un tour de cadran ou 12 heures. — Si en 240 heures, elles ont différé de 12 heures, en 1 heure elles ont différé de $12 : 240 = 3$ minutes. — Soit x le retard par heure de la pendule B, $3x$ sera l'avance de la pendule A, et nous aurons $4x = 3$ m. ; d'où $x = \frac{3}{4} = 45$ secondes. — L'avance de la pendule A est de $45 \times 3 = 135$ secondes = 2 m. 15 s.

Rép. L'avance par heure de la pendule A est de 2m.15s. et le retard de la pendule B de 45 secondes.

329. Les deux aiguilles ont 60 minutes à parcourir ensemble pour se rencontrer. – Or en 1 minute la grande aiguille parcourt une division du cadran et la plus petite aiguille $5/60$ ou $1/12$ de division. – Les deux aiguilles parcourent donc en 1 minute $\frac{13}{12}$ de division. – Il est évident qu'autant de fois $\frac{13}{12}$ seront contenus dans 60, autant de minutes les deux aiguilles mettront pour se rencontrer : $60 : \frac{13}{12} = \frac{60 \times 12}{13} =$ 55 minutes $5/13$. – La première rencontre aura donc lieu à 4h. 21m. $9/10$ + 55m. $5/13 =$ 5h. 17m. $\frac{29}{143}$. Réponse. 5 heures 17m. $\frac{29}{143}$.

330. Dans le système actuel le jour se compose de $60 \times 24 = 1440$ minutes. – Dans le nouveau système, il ne se composerait que de $100 \times 10 = 1000$ minutes. – Dans le système actuel 3h. 36m. = 216 minutes. De minuit à 3h. 36m. du soir il y a 60×12 ou 720 m. + 216 m. = 936 minutes.

1440 minutes dans le système actuel valent 1000 m. dans le nouveau système

1 m. . . . . $1000 : 1440$

936 m. . . . . $1000 \times 936 : 1440 = 10h. 50 m.$

Dans le 2me système 8h. 15m. = 815 m. – Or

1000 minutes dans le 2e système valent 1440 m. dans le premier

1 m. . . . . $1440 : 100$

815 m. . . . . $\frac{1440 \times 815}{100} = 7h. 33 m. 36 s.$ du soir.

Rép. 1° 10h. 50 ; 2° 7h. 33m. 36s.

331. Une pièce de 50 centimes pèse 2 gr. 50 ; 334 pièces pèsent $2,50 \times 334 = 835$ gr. Un poids de 835 grammes de pièces anciennes contient $0,9 \times 835 = 751$ gr. 50 d'argent pur. – La quantité d'argent étant la même dans les deux alliages, 751 gr. 5 représentent les $\frac{835}{1000}$ du poids du second alliage. – Donc

$\frac{835}{1000}$ du poids du second alliage = 751 gr. 5

$\frac{1}{1000}$ . . . . = 751,5 : 835

$\frac{1000}{1000}$ . . . . = $\frac{751,5 \times 1000}{835} = 900$ gr.

Il faudra donc fondre $900 - 835 = 65$ gr. de cuivre avec 334 pièces anciennes pour former un alliage au titre nouveau. – Le nombre des pièces nouvelles qu'on pourrait fabriquer avec cet alliage serait de $900 : 2,50 = 360$ pièces   Rép. 360 pièces.

332. Les quatre lingots ont un poids total de $1815 + 918 + 1870 + 1680 = 6283$ gr.
Le 1er lingot contient $1815 \times 0,970 = 1760$ gr. 55 de fin
Le 2me . . . . $918 \times 0,850 = 780$ gr. 30   —
Le 3me . . . . $1870 \times 0,500 = 935$ gr. „   —
Le 4me . . . . $1680 \times 0,860 = 1444$ gr. 80   —
6283 gr. contiennent 4920 gr. 65 de fin
1 gr. . — . $4920,65 : 6283 = 0,783$.

Le problème est ramené à celui-ci : combien faut-il ajouter d'argent au titre de 0,9 à 6283 gr. d'argent au titre de 0,783 pour avoir de l'argent au titre de 0,840 ?

$0,840 = \begin{cases} 0,900 - 0,060 \\ 0,783 + 0,057 \end{cases}$ d'où $\begin{cases} 60 \text{ à } 0,783 \\ 57 \text{ à } 0,900 \end{cases}$ ou $\begin{cases} 20 \text{ à } 0,783 \\ 19 \text{ à } 0,900 \end{cases}$

Pour 20 gr. au titre de 0,783, on en prend 19 au titre de 0,900

1 gr. . — . 0,783 . . . . . $19 : 20$

6283 gr. . — . 0,783 . . . . . $\frac{19 \times 6283}{20} = 5 Kg. 96885$ —

Réponse. 5 kil. 96885. —

333. Le poids du lingot cherché est de $5 \times 180000 = 900000$ gr. — Le problème proposé revient à celui-ci : on a deux lingots d'argent, l'un au titre de 0,980 et l'autre au titre de 0,850. Combien devrait-on prendre de chacun

de ces deux lingots pour en former un troisième de 900000 gr. autitre de 0,9 ?

$$0,900 \begin{cases} 0,980 - 0,080 \\ 0,850 + 0,050 \end{cases} \text{d'où} \begin{cases} 80 \text{ à } 0,850 \\ 50 \text{ à } 0,980 \end{cases} \text{ou} \begin{cases} 8 \text{ à } 0,850 \\ 5 \text{ à } 0,980 \end{cases} \quad . \quad 8+5=13.$$

On doit prendre du premier lingot $\frac{5 \times 900000}{13}$ et du second $\frac{8 \times 900000}{13} = 553846$ gr. 153.

334. $0,950 = \begin{cases} 0,825 + 0,125 \\ 1 \quad - 0,050 \end{cases} \text{d'où} \begin{cases} 125 \text{ à } 1 \\ 50 \text{ à } 0,825 \end{cases} \text{ou} \begin{cases} 5 \text{ à } 1 \\ 2 \text{ à } 0,825 \end{cases}$

Nous voyons qu'on doit ajouter 5 gr. d'argent pur à 2 grammes d'argent autitre de 0,825 pour avoir de l'argent au titre de 0,950. — Le poids demandé est donc de $\frac{2 \times 2625}{5} = 810$ grammes. Réponse. 810 grammes.

335. $\frac{580}{1250} - \frac{57}{500} + \frac{1118}{2500} - \frac{285}{2500} = \frac{893}{2500}$

Les $\frac{893}{2500}$ du bénéfice brut de ce commerçant sont de 5016 francs

$$\frac{5016}{893}$$
$$5016 \times 2500 = 14042 \text{ fr. } 54.$$

Le prix du loyer est de $14042,54 \times \frac{57}{500} = 1600$ fr. 85 et le traitement des employés de $1600,85 + 5016 = 6616$ fr. 85. Rép. 1° 14042 fr. 54 ; 2° 1600 fr. 85 ; 3° 6616 fr. 85. —

336. La première année cette affaire a rapporté les $\frac{3}{11}$ du capital engagé, la 2ème année les $\frac{3}{11} \times \frac{4}{5} = \frac{12}{55}$, et la 3ème année les $\frac{12}{55} \times \frac{5}{7} = \frac{12}{77}$. D'après l'énoncé les $\frac{12}{77}$ de ce capital valent 35800 francs

$$35800 : 12$$
$$\frac{35800 \times 77}{12} = 229716,66.. \quad \text{Rép. } 229716 \text{ f. } 66.$$

337. Il donne à l'aîné $\frac{1}{4}$ de l'héritage + 3000 fr. ou $\frac{3}{12}$ de l'héritage + 3000 fr., et au cadet $(\frac{3}{12} + 3000) \times \frac{2}{3} + 300$ ou $\frac{1}{12} + 1300$ fr. — Il donne donc aux deux aînés $\frac{3}{12} + 3000 + \frac{1}{12} + 1300$ ou $\frac{4}{12}$ de l'héritage + 4300 francs. — Les 4300 francs + les 27700 francs donnés au 3ème, c'est-à-dire 32000 francs représentent évidemment les huit autres douzièmes de l'héritage.

$\frac{8}{12}$ ou $\frac{2}{3}$ de l'héritage valent 32000 francs

$$32000 : 2$$
$$\frac{32000 \times 3}{2} = 48000 \text{ francs.}$$

La part de l'aîné est de $\frac{48000}{4} + 3000 = 15000$ fr.

Celle du cadet de $\frac{15000}{3} + 300 = 5300$ fr.

et celle du plus jeune de 27700 fr.

338. $\qquad\qquad$ Total 48000 fr.

338. Déterminons le nombre de mètres que chaque métier tissait en 1 heure.

En 12 heures le premier métier tisserait 60 mètres

— 1 heure. $\qquad\qquad 60 : 12 = 5$ mètres.

En 15 heures le 2e métier tisserait 60 mètres

— 1 heure $\qquad\qquad 60 : 15 = 4$ mètres. — Les deux métiers tisseraient donc ensemble en 1 heure $5 + 4 = 9$ mètres ; et ils tisseraient la pièce en $60 : 9 = 6 h 40$ minutes ou 1 jour 2 heures 40 m. Rép. 1 jour 2 heures 40 minutes.

339. Si ce marchand eût gagné 3567 fr. 65 + 79 fr. 15 ou 3646 fr. 80, il aurait gagné 12 p. 70. Or, s'il gagne 12 fr. sur 100 fr.,

il gagne 1 fr. sur $100 : 12$

et 3646 fr. 80 sur $\frac{100 \times 3646,80}{12} = 30390$ francs. — Les marchandises avaient coûté au marchand $30390 - 3567,65 = 26822$ fr. 35. Rép. 30390 fr. ; 26822 fr. 35.

340. La surface d'un rouleau est de $0,50 \times 6,80 = 3 m^2 40$ et celle de 3 rouleaux $\frac{4}{3}$ de $3,40 \times 1 \frac{4}{3} = 12 m^2 92$. — La surface d'une fenêtre est de $1,15 \times 2,85 = 3 m^2 2775$. — La surface latérale de la deuxième salle surpasse celle de la première de $12,92 + 3,2775 = 16 m^2 1975$. — Cette surface peut être considérée comme un rectangle qui aurait $3 m. 30$ de hauteur et $16,1975 : 3,30 = 4 m. 908$ de base. — Cette base exprime évidemment le double de la largeur cherchée qui est alors de $4,908 : 2 = 2 m. 454$. Rép. 2 m. 454.

341. Réponse. 46666 fr. 66 à 4 % et 13333 f. [illegible]

342. [illegible]

sont 20000 francs à 5 pour % et 3000 fr. à 6 pour %. — L'intérêt de 30000 francs ainsi placés est de 80000 — 50000 = 30000 francs. — Donc

$$2800 \text{ francs sont produits en 1 an}$$
$$1 \text{ fr.} \quad \ldots \ldots \ldots \quad 1 : 2800$$
$$3000 \text{ fr.} \quad \ldots \ldots \ldots \quad \frac{1 \times 30000}{2800} = 10 \text{ ans } 8 \text{ mois } 17 \text{ jours.}$$

Réponse. 10 ans 8 mois 17 jours.

343. Les 148 litres de blé donnent en farine un poids de $117 \times \frac{83}{100} = 97$ k. 11.

$$\text{Avec 3 kg. de foin on fait 4 kg. de pain}$$
$$1 \text{ kg.} \quad \ldots \ldots \ldots \quad 4 : 3$$
$$97 \text{ kg. 11} \quad \ldots \ldots \quad \frac{4 \times 97,11}{3} = 129 \text{ kg. 48 de pain.}$$

La valeur de pain est de $0,475 \times 129,48 = 61$ fr. 50. Rép. 129 kg. 48 ; 61 fr. 50.

344. 1 hectare rapporte $1238 : 77 = 16$ hl. 0779. — Les 58 ha. 52 a. produisent $16,0779 \times 58,52 = 940$ hl. 88 qui valent $19,75 \times 940,88 = 18582$ fr. 38. — L'ensemencement par semis en lignes droites augmente la récolte de $940,88 \times \frac{1}{5} = 188$ hl. 176 ; la récolte serait alors de $940,88 + 188,176 = 1129$ hl. 056 ; le prix de l'hectol. serait de $19,75 + 1,25 = 21$ fr. et la valeur de la récolte de $21 \times 1129,056 = 23710$ fr. 176. — Le cultivateur aurait donc fait un bénéfice de $23710,176 - 18582,38 = 5127$ fr. 796. Rép. 188 hl. 176 ; 5127 fr. 796.

345. Le revenu net de cette prairie est de $7630,75 : 25 = 305$ fr. 23 ; elle produit en foin, par hectare, pour une somme de $38,50 \times 2,276 = 87$ fr. 62, et en regain pour une somme de $34,50 \times 0,585 = 20$ fr. 358. — Le produit brut par hectare est donc de $87,62 + 20,358 = 107$ fr. 984 et le revenu net de $107,984 - 38,75 = 69$ fr. 234. — L'étendue de la prairie est évidemment de $205,23 : 69,234 = 4$ ha. 40 ares 86 centiares. Rép. 4 ha. 40 ares 86 centiares. —

346. 240 grammes de sucre de la première espèce coûtent $\frac{1,55 \times 240}{1000} = 0$ fr. 372 et 265 grammes de la 2ᵉ espèce coûtent $\frac{1,40 \times 265}{1000} = 0$ fr. 371. — En employant la 2ᵐᵉ espèce il y a donc par kilogr. un profit de $0,372 - 0,371 = 0,001$. — Pour faire 100 kilog. de confiture, il faut $100 \times \frac{4}{3} = 133$ kg. 333 gr. de fruit. — Le profit par 100 kg. de confiture est donc de $0,001 \times 133,33 = 0$ fr. 133. Rép. Il y a profit à employer la 2ᵉ espèce de sucre et ce profit sera de 0 fr. 133 sur 100 kg. de confiture.

347. Ce particulier a d'abord placé $\frac{1}{9} + \frac{1}{5} + \frac{1}{8} + \frac{2}{7} + \frac{3}{14} = \frac{2359}{2520}$ de sa fortune. — La somme distribuée aux pauvres en représente évidemment les $\frac{2520}{2520} - \frac{2359}{2520} = \frac{161}{2520}$. — Donc

$$\frac{161}{2520} \text{ de la fortune totale valent } 23023 \text{ francs}$$
$$\frac{2520}{2520} \quad \ldots \ldots \quad 23023 : 161$$
$$\frac{2520}{2520} \quad \ldots \ldots \quad \frac{23023 \times 2520}{161} = 360360 \text{ francs.}$$

La somme placée à 5 p.% est de . $\frac{360360}{9} = 40040$ francs

en rente 3 p.% . $\frac{360360}{5} = 72072$ fr.

en actions . $\frac{360360}{8} = 45045$ fr.

dans une entreprise . $\frac{360360 \times 2}{7} = 102960$ fr.

en biens-fonds . $\frac{360360 \times 3}{14} = 77220$ fr.

$$23023 \text{ fr.}$$
$$\text{Total} \qquad 360360 \text{ fr.}$$

Le revenu de la 1ʳᵉ somme est de $\frac{40040 \times 5}{100} = 2002$ fr.

2ᵐᵉ — $\frac{72072 \times 3}{68,15} = 3172$ fr. 65

3ᵐᵉ — $\frac{45045 \times 12}{100} = 5405$ fr. 40

4ᵐᵉ — $\frac{102960 \times 8}{100} = 8236$ fr. 80

5ᵐᵉ — $\frac{77220 \times 3}{100} = 2316$ fr. 60

$$\text{Total} \qquad 21133 \text{ fr. 45}$$

Rép. 21133 fr. 45.

348. Les 10 pains de sucre pèsent $7,35 \times 10 = 73$ kg. 50 que l'épicier paie $1,75 \times 73,50 = 128$ fr. 625. Mais comme le commissionnaire demande 0 fr. 25 par pain, les 10 pains reviennent à $128,625 + 0,25 \times 10 = 131$ fr. 125. — Si l'épicier garde 2 pains $\frac{2}{3}$ pour sa consommation, il n'en vendra que $10 \text{ p.} - 2 \text{ p.} \frac{2}{3} = 7 \text{ p.} \frac{1}{3}$ dont le poids est de $7,35 \times \frac{22}{3} = 53$ kg. 90. — Pour retirer son argent, il faut qu'il revende le kg. $131,125 : 53,90 = 2$ fr. 432. — 2 pains $\frac{2}{3}$ pèsent 19 kg. 60 et valent $1,75 \times 19,60 = 34$ fr. 30. — L'épicier fait donc un bénéfice de 34 fr. 30. —

Sur 131 f. 125 il fait un bénéfice de 34 fr. 30
15 r.
100 fr.
$34,30 : 131,125$
$\frac{34,30 \times 100}{131,125} = 26$ fr. 15.

Réponse. Il doit vendre le kg. 2 fr. 43 c. et son bénéfice pour % est de 26 fr. 60.

349. 8 ha. 06 ares 9 mètres carrés valent 806 ares 09. — 8 doubles décalitres ½ × 17 décalitres. — 806 ares 09 centiares produisent $17 \times 806,09 = 13706$ kl. 353 centil. ou 137035 lit. 30 qui pèsent $750 \times 137035,3 = 102776$ kg. 475 gr. —

9 kg. de blé donnent 11 kg. ½ de pain
1 kg. $11\frac{1}{2} : 9$
102776 kg. 475 $\frac{11\frac{1}{2} \times 102776,475}{9} = 131325$ kg. 4958.

Rép. 13706 kl. de blé et 131325 kg. 4958 de pain. —

350. Quand l'étoffe a 6/8 de large, pour faire les 4/7 des vêtements, il faut 182 m. 50
—   1/8   4/7 $182,50 \times 6$
—   1/8   1/7 $182,50 \times 6$
—   7/8   1/7 $182,50 \times 6$
                                        $\frac{182,50 \times 6 \times 7}{4 \times 7} = 273,75$

Les vêtements étant 1/4 plus larges, il en faudra $273,75 \times \frac{5}{4} = 342$ m. 19. *Rép.* 342 m. 19.

351. Le prix d'achat est de $0,85 \times 125 = 106$ fr. 25. — 1 litre d'eau pèse 1 kg. ou 1000 gr.; les 11/12 de 1000 grammes ou le poids d'un litre d'huile est de $1000 \times \frac{11}{12} = 916$ gr. 66, et le poids de 125 lit. de $916,66 \times 125 = 114$ kg. 582 gr. — Le tonneau pèse donc $114,582 + 8,3 = 122$ kg. 882 gr. Le droit de commission est de $\frac{3,45 \times 122,882}{100} = 7$ fr. 06, et le prix de la tonne d'huile de $106,25 + 7,06 = 113$ fr. 31. *Rép.* 113 fr. 31.

352. Le revenu de la prairie est de $\frac{5680 \times 3,33}{100} = 189$ fr. 144. — 1 hectare produit $\frac{750 \times 100}{40} = 1875$ kg. de foin et $1875 : 4 = 187$ kg. 75 de regain. — 1 hectare produit donc en fourrage un poids total de $1875 + 187,75 = 2343$ kg. 75 qui valent $\frac{36 \times 2343,75}{1000} = 84$ fr. 375. — Le bénéfice net sur un hectare est de $84,375 - 38 = 46$ fr. 375, et l'étendue de la prairie de $189,31 : 46,375 = 4$ ha. 08 a. 27 centiares. *Rép.* 4 ha. 08 a. 27 centiares.

353. La surface d'un rouleau est de $6,80 \times 0,5 = 3$ m² 40 et la surface de 16 rouleaux de $3,40 \times 16 = 54$ m² 40. — La surface de la première chambre est donc de $54,40 + 10,20 = 64$ m² 60 et son contour de $64,60 : 3,40 = 19$ mètres. — La surface de la deuxième chambre est de $64,60 + 2,90 + 1,19 + 0,50 \times 4,375 = 69$ mètres carrés 918 et sa hauteur de $69,4185 : 19 = 3$ m. 68. *Réponse.* 3 m. 68.

354. Le double décalitre d'orge pesant 12 kg. 80, le décalitre pèse $12,80 : 2 = 6$ kg. 40 et l'hectolitre $6,40 \times 10 = 64$ kg. qui valent $\frac{18,096 \times 64}{12} = 10$ fr. 112. — Les droits d'entrée à l'octroi, pour 1 hectolitre sont de $\frac{1,90 \times 64}{100} = 1$ fr. 216; l'hectolitre d'orge revient à $10,112 + 1,216 = 11$ fr. 328. — Le propriétaire pourra donc se procurer pour 1188 fr. 40, $1188,40 : 11,328 = 104$ kl. 90 d'orge. *Rép.* 104 kl. 90. —

355. Déterminons la somme placée chez le banquier:
6 fr. de rente viennent de 100 francs de capital
1 fr. $100 : 6$
5400 fr. $\frac{100 \times 5400}{6} = 90000$ fr.

La 3ᵉ portion est de $10000 + 90000 = 100000$ francs; cette portion étant aussi forte que la somme des deux autres, la fortune du négociant est de $100000 + 100000 = 200000$ francs. — Le revenu de la première portion est de $200000 : 100 = 2000$ francs et cette portion de $\frac{2000 \times 100}{4,5} = 44444$ fr. 44. La deuxième portion est de $100000 - 44444,44 = 55555$ fr. 55. et le revenu à 9 pour % de $\frac{55555,55 \times 9}{100} = 5000$ francs. — Ce négociant a donc un revenu total de $2000 + 5400 + 5000 = 12400$ fr.

Rép. 1° Il a payé la maison 44444 fr. 44; 2° il a mis chez le banquier 90000 francs et en vignes 55555 fr. 55, 3° 12400 francs.

356. La surface de cette vigne est de $197 \times 98 = 193$ a. 06. — Un poinçon contenant 225 litres, le produit de la propriété est de $225 \times 109 = 245$ kl. 25 lit. — 245 kl. 25 lit. ont été vendus $17,65 \times 245,25 = 4328$ fr. 66. — Le loyer d'un hectare étant de 400 francs, celui de 19306 m² ou 1 ha. 9306 est de $400 \times 1,9306 = 772$ fr. 24. — Les frais de toute nature s'élèvent donc à $772,24 + 783 = 1555$ fr. 24. — Le bénéfice net du vigneron est de $4328,66 - 1555,24 = 2773$ fr. 42 et le produit en vin par an de $2462,50 : 193,06 = 12$ décal. 7033. — Si le propriétaire avait fait valoir lui-même sa vigne, son bénéfice net aurait été de $4328,66 - 783 = 3545$ fr. 66. *Rép.* 1° 2773 fr. 42; 2° 12 décal. 7032; 3° 3545 fr. 66.

357. Les trois fenêtres exigent de mousseline, $1,55 \times 2 \times 3 = 9$ m. 30; et de perse $2,70 \times 2 \times 3 = 16$ m. 20. La perse n'ayant que les 4/5 de la longueur des grands rideaux, 16 m. 20 ne représentent que les 4/5 de ce qu'il en faut. — Si les 4/5 de la perse nécessaire sont de 16 m. 20.
4/5 $16,20 : 4$
5/5 $\frac{16,20 \times 5}{4} = 20$ m. 25.

9 m. 30 de mousseline reviennent à $0,90 \times 9,30 = 8$ fr. 37 et 20 m. 24 dépense à $1,20 \times 20,24 = 24$ fr. 30.
Les rideaux des trois fenêtres reviennent donc à $8,37 + 24,30 = 32$ fr. 67. Rép. 32 fr. 67.

358. 15 m. 30 de drap à 15 fr. 24 le m. valent $15,25 \times 15,30 = 233$ fr. 32
    12 m. — à 19 fr. 20 — $19,20 \times 12 = 230$ fr. 40
    15 m. 36 — à 27 fr. — $27 \times 15,24 = 414$ fr. 72
    42 m. 66 valent . . . . 878 fr. 44
    1 m. vaut . . . . $878,44 : 42,66 = 20$ fr. 59.

Ce marchand a payé pour une journée de travail, à 18 ouvriers, $3,24 \times 18 = 58$ fr. 50, et pour 11 journées $58,50 \times 11 = 643$ fr. 50 ; il a donc donné à son ami $878,44 - (643,50 + 81,80) = 153$ fr. 14. Rép. Il a prêté 153 f. 14 et il aurait dû fixer le prix du mètre de drap à 20 m. 59.

359. Le quotient de la première fraction par la deuxième étant $\frac{2}{5}$, c'est que ces deux fractions sont entre elles :: $2 : 5$. On aura donc les deux parties demandées en partageant $5\frac{1}{7}$ proportionnellement aux nombres 2 et 5. — On trouvera que ces deux parties $\frac{30^m 10}{49}$ et $\frac{25}{79}$. Rép. $10\frac{4}{49}$ et $2\frac{7}{49}$. —

360. Le premier a fourni 3 bouteilles ou $\frac{9}{3}$ de bout ; mais il n'a bu que $\frac{5}{3}$ de bout, donc il a fourni entrop $\frac{9}{3} - \frac{5}{3} = \frac{4}{3}$ de bout. — Le second a fourni 2 bout. ou $\frac{6}{3}$ de bout ; mais il n'a bu que $\frac{5}{3}$ de bout. il a par conséquent fourni entrop $\frac{1}{3}$ de bout.

    $\frac{5}{3}$ de bout. valent 3 fr. 50
    $\frac{1}{3}$ de bout. vaut $3,50 : 5 = 0$ f. 70
    $\frac{4}{3}$ de bout. valent $\frac{1,50 \times 4}{5} = 2$ fr. 80. Rép. 2 fr. 80 au prem. et 0 f. 70 au second.

361. La somme versée par le cadet est de $5600 \times \frac{3}{4} = 4200$ francs, et la somme versée par l'aîné de 4200 × $\frac{24}{4}$ = 21840 francs. Le prix de la propriété est donc de $4200 + 21840 + 5600 = 31640$ francs, et le prix de l'hectare de $31640 : 8 = 3955$ fr. — L'aîné a donc acheté $21840 : 3955 = 5$ ha 5222, le cadet $4200 : 3955 = 1$ ha. 0619 et le plus jeune $5600 : 3955 = 1$ ha. 4159. —

362. La surface du fond de la citerne est de $6 \times 4,25 = 25$ m² 50. — Le volume d'eau étant $\frac{13}{13}$ celui de l'air est les $\frac{8}{13}$ et celui de la citerne les $\frac{13}{13} + \frac{8}{13}$ ou les 21 de celui de l'eau. — Donc

    Les $\frac{21}{13}$ du volume d'eau sont de $\frac{53 m³ 11}{20}$
    $\frac{1}{13}$ 51 40
    $\frac{13}{13}$ $53\frac{11}{20} \times 13 : 21 = 83$ m² 150 déim³ ou 33150 litres.

La hauteur de la masse liquide est de $83,50 : 24,50 = 1$ m. 30, et le nombre de tonneaux nécessaires pour vider cette citerne de $33150 : 221 = 150$. Rép. 1° 1 m. 30, 2° 150 tonneaux. —

363. Il est facile de voir que deux fois la part de l'aîné plus la part de chacun des deux autres = 3250 francs ; la part de l'aîné est donc de $3250 - 1600 = 650$ francs ; celle du cadet de $1150 - 650 = 500$ et celle du plus jeune de $1100 - 650 = 450$ francs. —

364. Cette personne doit $67,30 \times 98 = 6595$ francs 40. — La taxe est de $\frac{6595,40 \times 4}{100} = 263$ fr. 816. La somme due se trouve réduite à 6595 fr. $40 - 263,816 = 6331$ fr. 584. L'escompte de 6331 fr. 584 pour 8 mois est de $\frac{6 \times 6331,584 \times 8}{100} = 253$ fr. 26. Cette personne débours donc réellement $6331,584 - 253,26 = 6078$ fr. 32. Rép. 6078 fr. 32.

365. On a l'équation $\frac{cm'}{36000(t'-t)} = \frac{cnd}{36000}$... D'où l'on tire ;
    $m = 36000(t'-t) = \frac{36000(6-5,66)}{5,66 \times 6} = 360$ j ou 1 an. Rép. 360 jours —

366. $\frac{1}{4} + \frac{1}{5} = \frac{4}{20} + \frac{10}{20} = \frac{17}{20}$; $\frac{20}{20} - \frac{11}{20} = \frac{9}{20}$. — Cette fermière a acheté les $\frac{2}{10}$ de ses poulets à 1 fr. 60 ; les $\frac{12}{20}$ à 0 fr. 95 et les $\frac{3}{20}$ à 1 fr. 05. Si elle n'avait acheté que 20 poulets elle en aurait eu 5 à 1 fr. 60. 12 à 0 fr. 95 et 3 à 1 fr. 05. Or

    5 poulets à 1 fr. 60 lui ont coûté $1,60 \times 5 = 8$ fr
    12 poulets à 0 fr. 95 — $0,95 \times 12 = 11$ fr. 40
    3 poulets à 1 fr. 05 — $1,05 \times 3 = 3$ fr. 15
    20 poulets ont coûté à la fermière . . 22 fr. 55
    Pour 22 fr. 55 elle a 20 poulets
    1 fr. . . . . $\frac{20}{22,55}$
    90 fr. 20 . . . $\frac{20 \times 90,20}{22,55} = 80$ poulets. — Rép. $80 \times \frac{1}{4} = 20$ poulets à 1 fr. 60 ; $80 \times \frac{3}{5} = 48$ à 0 fr. 95 et $80 \times \frac{3}{20} = 12$ à 1 fr. 05. —

367. Les trois bûches de bois renferment $15\frac{3}{4} + 12\frac{7}{8} + 16\frac{2}{3} = 45$ st. $\frac{7}{24}$; comme cette personne a déjà brûlé 2 décast. $\frac{5}{6}$ ou 28 st. $\frac{2}{6}$, il lui en reste $45\frac{7}{24} - 28\frac{2}{6} = 16$ st. $\frac{23}{24}$. — Le bois encore en provision durera $16\frac{23}{24} : \frac{3}{8} = 45$ j $\frac{2}{9}$. — La valeur de 16 st. $\frac{23}{24}$ est de $9,06 \times 16\frac{23}{24} = 153$ fr. 61. Chaque caisse ayant une contenance de 2 hl. 50 lit. a un volume de 250 déim³ ou 0 m³ 25 enfin le nombre de caisses que l'on pourrait remplir est donc de $16\frac{23}{24} : 0,25 = 67$ caisses $\frac{5}{10}$.
Rép. 45 jours $\frac{2}{9}$; 153 fr. 61 ; 67 caisses $\frac{5}{6}$. —

368. 2835 kilog. de blé donnent 2835 − 2835 × $\frac{9}{10}$ = 2579 kg. 85 de farine qui absorbent dans la fabrication de la pâte 2579,85 × $\frac{54}{100}$ = 1393 kg. 109 d'eau ; mais par suite de la cuisson, il ne restera de cette eau que 1393,109 × $\frac{85}{100}$ = 1184,143. — La pâte aura donc donné en pain 2579,85 + 1184,143 = 3764 kg. 986. *Rép.* 3764 kg. 986.

369. Cette prairie produit, en foin, 4985 × 5,35 = 26669 kg. 75 qui valent $\frac{3,50 × 26669,75}{100}$ = 933 f. 45. Les frais occasionnés par la culture sont de 40 × 5,35 = 214 fr. et le revenu net de 933,45 − 214 = 719 fr. 45. La valeur de la prairie est de 719,45 + 25 = 17986 fr. 25 ; le poids de cette somme en argent est de 5 × 17986,25 = 89931 gr. 25 et le poids en or de $\frac{32,258 × 17986,25}{100}$ = 5802 gr. 01. — Le rapport de ces poids est de 89931,25 : 5802,01 = 15,50. Ce rapport serait toujours le même quelle que fût la somme, car dans tous les cas le dividende est toujours le poids de 1 fr. en argent multiplié par le montant de la somme ; et le diviseur est toujours le poids de 1 fr. en or multiplié aussi par le montant de la somme ; or quand on multiplie le dividende et le diviseur par un même nombre le quotient ne change pas. — *Rép.* 1° 17986 fr. 25 ; 2° 89931 gr. 25 et 5802 gr. 01 ; 3° 15,50 ; 4° Le rapport serait toujours 15,50.

370. La perte occasionnée par la mouture étant de 117 × $\frac{17}{100}$ = 19 kg. 89, le poids de la farine est de 117 − 19,89 = 97 kg. 89. — 8 kg. de farine donnent 11 kg. de pain

$$1 \text{ kg.} \qquad \qquad 11 : 8$$
$$97 \text{ kg. } 11 \qquad \cdots \qquad \frac{11 × 97,11}{8} = 133 \text{ kg. } 526.$$

Le prix total du rendement est de 0,275 × 133,526 = 36 fr. 72. *Rép.* 36 fr. 72.

371. La part de l'une étant le quadruple de la part de l'autre, 400 fr. représentent 5 fois la plus petite part qui est alors de 400 : 5 = 80 francs. — La plus grande part est de 80 × 4 = 320 fr. *Rép.* 80 fr. et 320 fr.

372. Si la première part était 1, la 2ᵐᵉ serait 3 et la 3ᵐᵉ, 3 × 2 = 6 ; il suffit donc pour avoir les trois parts demandées, de partager le nombre donné en parties proportionnelles aux nombres 1, 3 et 6. On trouvera 100 fr. pour la première part, 300 pour la 2ᵐᵉ et 600 fr. pour la 3ᵐᵉ.

373.

La 2ᵐᵉ part	= la 2ᵐᵉ part
La 1ʳᵉ part	= 2 fois la 2ᵐᵉ part + 20
La 3ᵉ part	= 2 fois la 2ᵉ part + 10
2030 francs	= 5 fois la 2ᵉ part + 30 fr. : d'où

5 fois la part de la 2ᵐᵉ personne = 2000 francs

1 fois . . . . = 2000 : 5 = 400 francs.

La part de la 1ʳᵉ personne est de 400 × 2 + 20 = 820 francs et la part de la 3ᵐᵉ de 820 − 10 = 810 fr.

374. 1806 kg. de foin ont été vendus $\frac{3,75 × 1806}{100}$ = 67 fr. 72. — Le reste de la récolte est de 1806 × $\frac{5}{7}$ = 1290 kg. qui ont été vendus $\frac{2,05 × 1290}{100}$ = 26 fr. 445. On a retiré en tout 67,725 + 26,445 = 94 fr. 17. *Rép.* 94 fr. 17.

375. *Réponse.* 8 jours $\frac{1}{3}$ (voir n° 83).

376. L'ami a 14768 : 3775 = 3 h. 912. Le propriétaire qui a cédé $\frac{1}{3}$ de son achat et a gardé les $\frac{2}{3}$, doit avoir le double, c'est-à-dire 7 ha. 824. Ces deux parts, savoir 11 ha. 736, font les $\frac{4}{5}$ de la propriété. Il en reste au premier vendeur $\frac{1}{5}$, c'est-à-dire 4 fois moins que $\frac{4}{5}$: 11,735 : 4 = 2 ha. 934. *Rép.* Le propriétaire a 7 ha. 824 ; il en a donné à son ami 3 ha. 912 et il en reste au premier vendeur 2 ha. 934. —

377. Sur 32 kilog. ou 32 grammes du mélange il y a 32000 − 120 = 31880 gr. ou 31 kg. 880 g. d'eau. — Nous dirons donc

Sur 120 gr. de sel il y a 31 kg. 880 d'eau

1 gr. . . . . . . 31,880 : 120

1 kg. ou 1000 gr. . . . $\frac{31,880 × 1000}{120}$ = 265 kg. 666 d'eau.

Mais le mélange contient déjà 31 kg. 880 d'eau, on ne devra donc en ajouter que 265,666 − 31,880 = 233 kg. 786. *Rép.* 233 kg. 786.

378. Cette personne boit par jour $\frac{17\times2}{12}$ = 2 verres 5/6, c'est-à-dire 0m³,0002×2 5/6 = 0m³000566.. on dit 566 ou 0,566 × 5/4 = 0bout,7083. — Par semaine elle boit 0,7083 × 7 = 4bout.958, et par an 0,7083 × 365 = 258 b.54. — Par millier de bouteilles, les frais sont de 25 fr.; pour 258b.54, ils sont de $\frac{25\times258,54}{1000}$ = 6fr.46. — 258 b.54 valent 258,54 × 4/5 = 206 lit.83 qui coûtent $\frac{50\times206,83}{100}$ = 103 fr.415. — La dépense faite pour l'entretien de la cave est donc de 103,415 + 6,46 = 109 fr.87. — Pour gagner 90 francs il faut vendre 4,50 de rente

    1fr. . . . . 4,50 : 90

    109 fr.87 . . . . $\frac{4,50\times109,87}{90}$ = 5fr,49

Rép. 1° 4bout.958; 2° 109 fr.87; 3° 5 fr.49.

379. 1 chandelle de 6 au demi-kilog. dure 6 heures

    6 chandelles . . . . . . 6×6 = 36 heures

    1 bougie de 5 au demi-kg. dure 10 heures

    5 bougies . . . . . . 10×5 = 50 heures

En 36h. on consomme pour 0fr.85 de chandelle et pour $\frac{1,80\times36}{50}$ = 1fr.296 de bougie. Donc sur 0fr.85 de chandelle l'éclairage à la bougie est plus cher de 1,296 − 0,85 = 0fr.446.

    Sur 0fr.85 l'éclairage à la bougie est plus cher de 0fr.446

    1fr. . . . . 0,446 : 0,85

    100fr. . . . . . . $\frac{0,446\times100}{0,85}$ = 52fr.47. Rép. 52 fr.47.

380. D'après l'énoncé 199 kg.8 hect.g. de vin représentent les 0,925 du poids d'un même volume d'eau. — Le poids du volume d'eau égal au poids du volume du vin est donc de 199,8 : 0,925 = 216 kg. Or le litre d'eau pesant 1kg., 216 kg. sont le poids de 216 litres d'eau.

    Si 216 litres coûtent 79fr.92   ⎰ 1 kg. d'argent monnayé valant 200 fr.

    1lit. . . . 79,92 : 216   ⎱ 199 kg.8 vaudront 200×199,8 = 39960fr.

    100lit. . . . $\frac{79,92\times100}{216}$ = 37 fr. — Dans 1 franc il y a 4g.5 d'argent pur

et dans 39960 fr. il y en a 4,5 × 39960 = 179 Kg.82. Rép. 1° 37fr.; 2° 39960fr.; 3° 179 Kg.820.

381. Le premier paiement étant le 1/3 de la somme totale, le second sera les 2/5 de 1/3 ou les 2/15 de la même somme. — $\frac{1}{3}+\frac{2}{15}=\frac{5}{15}+\frac{2}{15}=\frac{7}{15}$. — Il reste $\frac{15}{15}-\frac{7}{15}=\frac{8}{15}$ de la somme totale qui valent 350 francs. — La somme totale est donc de $\frac{350\times15}{8}$ = 656 fr.25. — La quantité de drap acheté est de 656,25 : 3 = 218 m.75. — Le montant du premier paiement est de 656,25 : 3 = 218fr.75, celui du deuxième de 218,75 × 2/5 = 87 fr.50 et celui du 3ᵐᵉ de 350 francs. —

382. Pour obtenir 1kg. de sucre il faut 100 kg. de betterave

    1kg. . . . . . . 100 : 7

    87500 kg. . . . $\frac{100\times87500}{7}$ = 1250000 kg.

    3kg.120 de betterave sont produits par 1 mètre carré

    1kg. . . . . . . 1 : 3,120

    1250000 . . . $\frac{1\times1250000}{3,120}$ = 4ha.0641

    100 kg. de betterave coûtent 16fr.50

    1kg. . . . . . . 16,50 : 100

    1250000 kg. . . . $\frac{16,50\times1250000}{100}$ = 206250 fr.

Rép. 1° 40ha.0641; 2° 206250 francs

383. Les frais de culture pour cette pièce de terre se sont élevés à 189,40 × 12,034 = 2279 fr.24. La location est de $\frac{22,50\times1209,14}{42}$ = 644 fr.68. — Les frais de toute nature sont donc de 2279,24 + 644,68 = 2923 fr.92. — La récolte a été de 18 3/4 × 12,034 = 225 hl.6375 et la valeur de cette graine de 19,50 × 225,6375 = 4399 fr.93; — Le bénéfice net de cette culture sur la pièce totale sera donc de 4399,93 − 2923,93 = 1476 fr. Rép. 1476 francs. —

384. Supposons qu'on n'ait acheté qu'un mètre de trop, alors on en aurait déjà vendu 1/2 + 1/6 + 1/4 ou 11/12 de m. et il en resterait 1/12 de m. — Sur 12m. on en aurait vendu 6m. puis 2m., puis 3m., puis 1m.

6m. à 16f.25 valent	97 f.50
2m. à 15f.55 —	31 fr.10
3m. à 19f.15 —	37 fr.45
1m. à 18fr.65 —	18 fr.65
12m. sont vendus	204 fr.70

et 1 mètre en moyenne est vendu $204,70 : 12 = 17$ fr. 06. — On aurait donc gagné sur 1 mètre $17,06 - 13,75 = 3$ fr. 31., comme on a gagné en tout 165 francs, la contenance de la pièce est évidemment de $165 : 3,31 = 49$ m. 85. *Réponse. 49 m. 85.*

385. La part du $4^{\text{ème}}$ étant 1, celle du 3e sera $6/7$, celle du $2^{\text{ème}}$ les $4/5$ de $6/7$ ou $24/35$ et celle du premier les $2/3$ de $24/35$ ou $16/35$ de celle du quatrième . — $1 + \frac{6}{7} + \frac{24}{35} + \frac{16}{35} = \frac{105}{35} = 3.$

$$3 \text{ fois la part du } 4^{\text{ème}} = 21000 \text{ fr.}$$

1 fois . . . . . . $= 21000 : 3 = 7000$ fr. — La part du $4^{\text{ème}}$ étant 7000 f, celle du 3e sera $7000 \times 6/7 = 6000$ fr.; celle du 2^e $6000 \times 4/5 = 4800$ fr. et celle du 1er $4800 \times 2/3 = 3200$ fr.

386. Dans une pièce de 5 francs il y a 22 gr. 50 d'argent pur, on pourrait donc fabriquer $122167000 : 22,50 = 5429644$ pièces environ. — Le volume de cet argent est de $122167000 : 10,417 = 11727656$ centim³ 715 ou 11 m³ 727656 cm³.

387.

78 m. 70 de drap, à 9 fr. le mètre ont été vendus $9 \times 78,70 =$	708 fr. 30
69 kg. 094 de laine à 8,05 le k. . . . $8,05 \times 69,094 =$	556 fr. 20
Le négociant a donc vendu pour . . .	1264 fr. 50
Il a fait une remise de $1264,50 \times 2/100 =$	25 f 29
et il lui reste	1239 fr. 21
	22 03

1239 fr. 21 placés à 4 p. % pendant 5 mois 10 jours lui rapportent
Quand il retire son argent il possède donc . . . $\quad$ 1261 fr. 24
Après avoir payé son loyer de 664 fr. 99, $\quad$ 664 f 99
il lui reste $\quad$ 596 f. 25 pour

sa provision de bois qu'il achète à 13 f. 25 le stère, ce qui lui fait $\frac{596,25}{13,25} = 45$ st. *Rép. 45 st.*

388. Le nombre des voyageurs de 3e classe étant 1, celui des voyageurs de 2e classe est les $2/9$ et celui des voyageurs de première classe les $2/9 \times 3/4$ ou les $6/36$ de celui des voyageurs de 3e classe.

$$1 + \frac{2}{9} + \frac{6}{36} = \frac{36}{36} + \frac{8}{36} + \frac{6}{36} = \frac{50}{36} = \frac{25}{18}$$

Les $\frac{25}{18}$ des voyageurs de 3e classe sont de 3225950 voyageurs

$$\frac{3225950 : 25}{\quad} \quad \frac{3225950 \times 18}{25} = 2322684. \quad — \text{Le nombre}$$

des voyageurs de 3e classe étant 2322684, celui des voyageurs de deuxième classe est de $2322684 \times 2/9 = 516152$, et celui des voyageurs de 1re classe de $516152 \times 3/4 = 387114$. —

389. Pour 2 fr. en argent il y a 1 fr. en or donnant en poids, l'argent 5 gr., l'or $\frac{5}{15,50}$ gr. ; ou pour 31 fr. d'argent, il y a 15 fr. 50 d'or, pesant, l'argent 155 gr. l'or 5 gr. — En somme 46 fr. 50 pèsent 160 gr. . — 160 gr. valent 46 fr. 50.

$$1 \text{ gr.} \quad \text{vaut} \quad 46,50 : 160$$

$$6400 \text{ gr. valent} \quad \frac{46,50 \times 6400}{160} = 1860 \text{ fr.} \quad \text{(Réponse. 1860 francs}$$

390. 6 fr. de différence entre les deux escomptes sont l'int de 100 fr. d'escompte en dedans

$$1 \text{ fr.} \qquad\qquad 100 : 6$$

$$20 f. 34 . \qquad\qquad \frac{100 \times 20,34}{6} = 339 \text{ fr.} \quad — \text{L'escompte}$$

en dedans de cette somme étant 339 fr., pour avoir la valeur nominale, nous dirons :

$$6 \text{ fr. d'escompte en dedans viennent de } 106 \text{ fr. de valeur nominale}$$

$$1 \text{ fr.} \qquad\qquad 106 : 6$$

$$339 \text{ fr.} \qquad\qquad \frac{106 \times 339}{6} = 5989 \text{ fr.} \quad \text{Rép. 5989 fr.}$$

391. En 2 jours le 1er ouvrier fait 3 chemises ; En 4 j. la 2e ouvrière fait 5 chemises

$$6 \text{ j. ou 1 semaine} \cdot \frac{3 \times 6}{2} = 9 \text{ ch.} \qquad 6 \text{ j. ou 1 semaine} \cdot \frac{5 \times 6}{4} = 7 \text{ chem. 5}$$

La 1re ouvrière reçoit par semaine 10 f. 80 ; donc
Pour 9 ch. on donne 10 f. 80 $\qquad$ En 1 semaine les 2 ouv. font $9 + 7,50 = 16$ ch. 5, et elles
1 ch. $\qquad 10,80 : 9$ $\qquad$ emploient pour cela $2,50 \times 16,50 = 41$ m. 2f. —
7 ch. 5 . . $\qquad \frac{10,80 \times 7,5}{9} = 9$ fr.

Pour employer 41 m . 25 d'étoile il faut 15emaine
— 1 m. . . . . . 1 : 41,25   Rép. 9 fr. ; 2 mois.
— 330 m. . . . . $\frac{1 \times 330}{41,25}$ = 8 s. ou 2 m.

392. Dans une année de 365 jours cet homme consomme 4 × 365 = 1460 verres . Sur son fût de 2 hl. 5 lit., il fait un bénéfice de 0,60 × 2,05 = 1 fr. 23. — 245 bout. contiennent 7 × 245 = 1715 verres. S: sur 2 hl. 05 lit. ou sur 1715 verres, le consommateur fait un bénéfice de 1 fr. 23, sur 1 verre il fera un bénéfice de 1,23 : 1715 = 0 fr. 0007 et sur 1460 verres qu'il consomme dans une année, il fera un bénéfice de 0, 0007 17 × 1460 = 1 fr. 047. — Le bénéfice par litre sera de 0, 60 : 100 = 0 fr. 006
Rép. 0 fr. 006 ; 0, 0007 ; 1 fr. 047.

393. Puisque cette personne possédait au commencement de l'année 420 fr. 52 à la caisse d'épargne et qu'elle veut retirer cette somme 10 semaines avant la fin de l'année, elle ne touchera les intérêts que pour 52 semaines moins 11 semaines ou pour 41 semaines. — Le second dépôt fait 20 semaines après le commencement de l'année ne restera à la caisse d'épargne que 22 semaines et ne portera intérêt que pendant 22 − 2 = 20 semaines. Il s'agit donc de trouver l'intérêt de ces deux sommes pendant le temps qu'elles ont porté intérêt.
420 fr. en 41 semaines ont rapporté autant que 420, 52 × 41 = 17244 fr. 32 en 1 semaine
210 fr. en 20 s. . . . . 210 × 20 = 4200 fr.

Or ,   100 fr. en 52 semaines ont rapporté 3 f. 75 ; donc
         1 fr. en 52 s. . . . . 3,75 : 100
         1 fr. en 1 s. . . . . 3,75 : 100 × 52
    21441 fr. 32 en 1 s. . . . . $\frac{3,75 \times 21441, 32}{100 \times 52}$ = 15 fr. 46.
Cette personne recevra donc 420, 52 + 210 + 15, 46 = 645 fr. 98.   Rép. 645 fr. 98.

394. Réponse. 1 h. 26 m. 41 s. (voir n° 78). —

395. Si le gain de la première personne n'était n'était pas proportionnellement le triple du gain de la seconde, il serait seulement de 1200 : 3 = 400 francs et la somme des deux gains de 2000 + 400 = 2400 francs. — Il suffit donc pour déterminer la mise de chaque personne de partager 12000 fr. en parties proportionnelles à 2000 et à 400. — La mise de la 1ʳᵉ personne est de $\frac{12000 \times 2000}{2400}$ = 10000 fr. et la mise de la seconde de $\frac{12000 \times 400}{2400}$ = 2000 francs. —

396. Supposons la somme de 400 francs. — Sur le 1ᵉʳ quart le marchand fait un bénéfice de 5 fr
         Sur le 2ᵉ quart . . . . . . 15 f
                         Total . . 20 f
Sur les deux derniers quarts il a fait une perte de 4⅔ × 2 = ... 9⅓
Sur 400 fr. d'achat il a donc fait un bénéfice de 10⅔
10 fr. ⅔ de bénéfice viennent de 400 fr. d'achat
1 fr. . . . . . 400 : 10 ⅔
500 fr. . . . . . $\frac{400 \times 500}{10 ⅔}$ = 18750 francs.   Rép. 18750 francs.

397. Le volume de la pierre est de 1,85 × 1,25 × 0,83 = 1 m³ 913375 centim³. 1 décim³ de cette pierre pesant 1 kg. 92, 1 mètre cube pèsera 1,92 × 1000 = 1920 kg.
         Le transport de 1000 kg. à 1 myriam. coûte 3 fr. 75
                 1 kg. à 1 myriam. . . . 3,75 : 1000
                 1920 kg. à 1 myriam. . . . $\frac{3,75 \times 1920}{1000}$
                 1920 kg. à 3 myriam. 74 . . . $\frac{3,75 \times 1920 \times 3,74}{1000}$ = 26 fr. 93.
Le mètre cube à pied d'œuvre reviendra donc à 26, 93 + 12, 50 = 39 fr. 43, et la pierre à 39, 43 × 1, 913375 = 75 fr. 68. Réponse 75 fr. 68.

398. La surface d'une face de la caisse est de 0,8 × 0,8 = 0 m² 64 décim² et celle des 6 faces de 0, 64 × 6 = 3 m² 84. La caisse a donc coûté 0, 85 × 3, 84 = 3 fr. 264. Son volume est de (0,8)³ = 0 m³ 512 et elle pourrait contenir 8 × 8 = 64 morceaux de savon.
         Rép. 1° 3 fr. 264 ; 2° 0 m³ 512 décim³ ; 3° 64 morceaux.

399. Après avoir dépensé les 3/4 de son argent, il lui restait 6 — 6+3/4 ou 1 fr. 50 plus 1/4 du prix de 5 semaines ou les 5/4 du prix d'une semaine. Mais comme après avoir reçu le prix de deux semaines de travail, il lui reste 21 francs, c'est que 21 — 1,50 ou 19 fr. 50 sont le prix de 5/4 + 8/4 ou de 13/4 de semaine. Donc

Le travail de 13/4 de semaine est payé 19 fr. 50
— 4/4 . . . . 19,50 : 13
— 4/4 . . . . $\frac{19,50 \times 4}{13}$ = 6 fr. Rép. 6 francs.

400. Avant le perfectionnement apporté à la machine, elle consommait par jour un poids de charbon de 851 958 : 121 = 7040 kg. 9752 ; après ce perfectionnement elle ne consomme plus que $\frac{2960 \times 512}{37}$ = 960 kg. — Il y a donc une économie par jour de 7040,9752 — 960 = 6080 kg. 9752 et par année une de 6080,9752 × 330 = 2006721 kg. 75. — Le bénéfice annuel dû à ce perfectionnement est donc de $\frac{3,50 \times 2006721,75}{100}$ = 70 235 fr, 26.
Réponse. 70 235 fr. 26.

401. Les frais sont de 25 000 × $\frac{15}{100}$ = 3750 francs ; la maison revient donc à 25 000 + 3750 = 28 750 francs. Cette maison est louée 2000 francs ; mais on a à payer annuellement 150 + 200 + $\frac{28750}{100}$ = 637 fr. 50, elle ne rapporte donc réellement que 2000 — 637,50 = 1362 fr. 50.
28 750 francs rapportent 1362 fr. 50
1 fr. . . . . 1362,50 : 28 750
100 . . . . $\frac{1362,50 \times 100}{28750}$ = 4 fr. 74. Réponse. 4 fr. 74.

402. Le dernier cinquième seul de la feuillette donne du bénéfice au marchand. Ce cinquième est de 235 : 5 = 47 lit. dont 15 lit. d'eau et par conséquent 32 litres de vin. Ce cinquième ne lui coûte 0,80 × 32 = 25 fr. 60, et il le revend 1,20 × 47 = 56 fr. 40. Le gain du marchand est donc de 56,40 — 25,60 = 30 fr. 80. Réponse. 30 fr. 80.

403. La surface du champ est de 153 × 153 = 2 ha. 34 a 09 centia qui produisent 15 × 2,3409 = 35 hl. 1135 dont le poids est de 8,3 × 351,135 = 2914 kg. 42.

77 kg. de blé valent 19 fr. 25   50 kg. de lentilles valent 17 fr. 75
1 kg. . . . . 19,25 : 77   1 kg. . . . . . 17,75 : 50
71 kg. . . . . $\frac{19,25 \times 71}{77}$ = 17 fr. 75   2914 kg. 42 . . $\frac{17,75 \times 2914,42}{50}$ = 1034 fr. 619

Rép. 134 fr. 72.

404. Dans la première acquisition pour 0 fr. 90 on avait obt. 45 d'alcool pur. Le litre coûtait donc 0,90 : 0,45 = 2 fr. — Dans la seconde pour 1 fr. 20 on avait obt. 52 d'alcool pur, le litre coûtait 1,20 : 0,52 = 2 fr. 31. Si l'on mélangeait les deux quantités d'eau-de-vie, le mélange contiendrait, d'alcool, $\frac{206 \times 45}{100}$ = 92 lit. 70
+ $\frac{111 \times 52}{100}$ = 58 lit. 24
Total   150 lit. 94.
Ces 150 lit. 94 reviendraient à   92,70 × 2 = 185 fr. 40
+ 58,24 × 2,31 = 134 fr. 43
Total   319 fr. 83. — Le litre reviendrait à $\frac{319,83}{150,94}$ = 2 fr. 11.

Rép. 1° 2 fr. et 2 fr. 31 ; 2° 2 fr. 11.

405. 1 hl. de poudre de chasse pesant 90 kg. ou 90 000 gr., 1 litre pèse 90 000 : 100 = 900 gr. La quantité de salpêtre contenue dans 1 litre de cette poudre est de 900 × $\frac{39}{50}$ = 702 gr. ; la quantité de charbon de 900 × $\frac{3}{25}$ = 108 gr. et la quantité de soufre de 900 × $\frac{1}{10}$ = 90 grammes. Cherchons maintenant combien il entre pour % de chacune des matières qui composent cette poudre. $\frac{39}{50}$ = $\frac{78}{100}$. Donc 78 p% de salpêtre. $\frac{3}{25}$ = $\frac{12}{100}$. Donc 12 p% de charbon. $\frac{1}{10}$ = $\frac{10}{100}$. Donc 10 p% de soufre. Rép. 1° 702 gr. de salpêtre, 108 g. de charbon et 90 gr. de soufre.

406. Pour confectionner un vêtement, il faut, de la première étoffe 4,4 × 3/7 = 1 m. 824 et de la seconde 4,4 × 3/7 = 2 m. 4286.
$\frac{237,57}{1,824}$ = 124 + $\frac{1,266}{1,824}$ | On voit qu'on pourrait faire 124 vêtements, et il resterait de la 1ère
$\frac{13,65}{3,428}$ = 124 + $\frac{1,273}{3,428}$ | étoffe 1 m. 766, et de la 2ème 1 m. 578. — Le prix de la façon serait de

5 × 124 = 620 francs. — Les trois premières ouvrières reçoivent autant que 6 des dernières, chaque ouvrière des dernières a donc reçu 620 : 10 = 62 francs ; chaque ouvrière des trois prem^{ières} a alors reçu 62 × 2 = 124 francs. Rép. 1° Chaque des premières ouvrières a reçu 124 fr. et chacune des dernières 62 fr. ; 2° il restera 1 m. 77 de la 1re étoffe et 1 m. 58 de la seconde.

407. 100 kilog. de graine de colza donnent 5 kg. d'huile ; mais par la presse on n'obtient que les $\frac{7}{10}$ de cette huile ; on n'obtiendra donc, avec 100 kg. de graine, que $5 × \frac{7}{10} = 3$ kg. 50 d'huile. — Le litre de cette huile pesant 900 grammes, 1 hectol. pèsera 900 × 100 = 90000 gr. = 90 kg. — 3 kg. 50 d'huile sont donnés par 100 kg. de graine

$$\frac{1 \text{ kg.}}{90 \text{ kg. ou 1 hl.}} \qquad \frac{100 × 90}{3,50} = 2571 \text{ kg. } 428 \text{ gr.}$$ Rép. 2571 kg. 428 gr.

408. 7 tonnes 8 dixièmes valent 7800 kg. qui contiennent $7800 × \frac{29}{100} = 2262$ kg. de fonte. 6 tonnes 7 centièmes valent 6070 kg. qui contiennent 3527 − 2262 = 1265 kg. de fonte.

Déterminons la richesse pour % de 6070 kg. du second minerai :

6070 kg. contiennent 1265 kg. de fonte

$$\frac{1 \text{ kg.}}{100 \text{ kg.}} \qquad \frac{1265}{6070} \qquad \frac{1265 × 100}{6070} = 20 \text{ kg. } 84.$$

Le problème est ramené à celui-ci : Dans quelle proportion faut-il mélanger deux minerais dont

20, 84 p. % pour obtenir un minerai qui contienne 25 p. %. — En appliquant le raisonnement relatif aux règles de mélange, on trouvera qu'il faut prendre 4 kg. 16 du premier minerai et 4 kg. du second. Rép. 4 kg. 16 du premier minerai et 4 kg. du second. — le premier contient 29 p. % de fonte et le second

409. Le second acquéreur aura 177,85 − 85,09 = 92 a. 76. — Le revenu cadastral de 85 ares 09 est de $\frac{62,50 × 85,09}{100} = 53$ fr. 18 et celui de 92 a. 76 de $\frac{62,50 × 92,76}{100} = 57$ fr. 97. L'impôt à payer pour la première parcelle est de 0,275 × 53,18 = 14 fr. 62 et pour la 2e parcelle de 0,275 × 57,97 = 15 fr. 94. Rép. 1° 53 fr. 18 et 57 fr. 97 ; 2° 14 fr. 62 et 15 fr. 94.

410. Si le premier marchand avait vendu comme le second les $\frac{2}{3}$ de sa provision au lieu du tiers, il en serait resté 108 : 3 = 36 kg. — Or il en reste 66 kg., donc 66 − 36 ou 30 kg. représentent le $\frac{1}{3}$ de la provision du premier marchand ; cette provision est donc de 30 × 3 = 90 kg. La provision du second marchand est évidemment de 108 − 90 = 18 kg. Le premier marchand en avait pour 6,50 × 90 = 585 fr. et il en a vendu pour $6,50 × \frac{90}{3} =$ 195 francs. Le second marchand en avait pour 6,50 × 18 = 117 francs et il en a vendu pour $6,50 × 18 × \frac{2}{3} = 78$ fr.

411. Les $\frac{6}{11}$ de 7 ha. 8 a. ou de 708 ares sont de $708 × \frac{6}{11} = 386$ a. 18 qui valent 24,50 × 386,18 = 9461 fr. 41. — Le pré a donc été vendu 9461,41 + 18467 = 27 928 fr. 41 et l'hectare 27 928,41 : 7,08 = 3944 fr. 69. Comme on a fait un bénéfice de 9 p. %, 3944 fr. 69 représentent évidemment les $\frac{109}{100}$ du prix d'achat de l'hectare. — Ce prix est de $\frac{3944,69 × 100}{109} = 3618$ fr. 98. Rép. 3618 fr. 98.

412. Si le volume du seigle était de 958 hl., celui du blé serait de 939 hl. ; or 958 hl. de seigle pèsent 72 × 958 = 68 976 kg. qui coûtent $\frac{34 × 68976}{115} = 20 392$ fr. 90 et 939 hl. de blé pèsent 75 × 939 = 70425 kg. qui coûtent $\frac{54 × 70425}{120} = 31 691$ fr. 25. — Le rapport des valeurs de ces deux récoltes est donc de 31 691, 25 : 20 392, 90 = 1,55. Rép. 1,55.

413. La fortune primitive de ce marchand étant x, au bout de la première année elle sera $\frac{4}{3} x − 1800$; au bout de la 2e année $\frac{4}{3} x − 1800 + \frac{1}{3} (\frac{4}{3} x − 1800) − 1800 = \frac{16}{9} x − 4200$ et au bout de la 3e année $\frac{16}{9} x − 4200 + \frac{1}{3} (\frac{16}{9} x − 4200) − 1800 = \frac{64}{27} x − 7400$. D'après l'énoncé on a alors $\frac{64}{27} x − 7400 = 2 x$; d'où $x = 19980$ fr. Rép. 19980 fr.

414. Le mardi ce marchand a vendu $1127,7 × \frac{3}{5} = 676$ m. 62 pour 11,45 × 676,62 = 7747 fr. 24 ; il lui restait alors 1127,7 − 676,62 = 451 m. 08 ; il en a vendu le mercredi $451,08 × \frac{3}{8} = 169$ m. 15 pour 8,24 × 169,15 = 1393 fr. 796. Ce marchand a donc retiré de ses deux ventes 7747 fr. 299 + 1393 fr. 796 = 9141 fr. 095. — Il lui restait le mercredi 451,08 − 169,15 = 281 m. 93 qu'il a échangé contre du vin. — Or cet échange s'est fait sur le pied de 4 lit $\frac{1}{2}$ de vin pour 1 m. $\frac{1}{2}$ de toile. Donc

1 m. $\frac{1}{2}$ de toile s'échange contre 4 lit. 5 de vin

$$\frac{4,5 × 281,93}{1,5} = 845 \text{ lit. } 79.$$ Rép. 1° 9141 fr. 095 ; 2° 845 lit. 79.

415. Reprenant ce problème par la fin de son énoncé, nous dirons:

Si le prix de 13 journées est de 52 fr. | Mais 10 H. d'une denrée coûtent autant que le prix de 3 journées
le prix de 1 journée sera de $52:13$ | 1 H. de cette denrée coûtera $12:10$
et le prix de 3 journées de . . $\frac{52\times3}{13}=12$ fr. | et 30 H . . . $\frac{12\times30}{10}=36$ francs.

Mais 24 H. de vin coûtent autant que 30 H. de cette denrée

1 hl. . . . . . . $36:2$

23 hl. . . . . . $\frac{36\times23}{2}=414$ fr.

Mais 18 mètres d'étoffe coûtent autant que 23 hl. de vin, c'est-à-dire 414 francs.

$$414:18=23\ \text{f}$$

1 mètre coûtera . . . .

Pour 920 fr. on recevrait donc $920:23=40$ mètres. Rép. 40 mètres.

416. Le nombre des piétons étant $\frac{27}{27}$ ou $\frac{297}{297}$; celui des cavaliers sera $\frac{55}{297}$; celui des
voitures à 1 cheval, $\frac{5}{27}\times\frac{3}{11}=\frac{15}{297}$ et celui des voit. à 2 chevaux, $\frac{15}{297}\times\frac{2}{5}=\frac{6}{297}$. — Les nombres
cherchés sont évidemment proportionnels aux nombres 297, 55, 15 et 6. — Or on aurait
payé pour le passage de 297 piétons $0,03\times297$ = 8 f. 91
— 55 cavaliers $0,05\times55$ = 2 f. 75
— 15 voit. à 1 ch. $0,10\times15$ = 1 f. 50
— 6 voit à 2 ch. $0,15\times6$ = 0 f. 90

Total 14 f. 06

Quand la recette s'élève à 14 fr. 06, il y a 297 piétons
— 15 . . . $297:14,06$
— 168 f. 72 . . . $\frac{297\times168,72}{14,06}=3564$ piétons

On trouvera de même que le nombre des cavaliers est de $\frac{55\times168,72}{14,06}=660$; celui des voitures
à 1 cheval de $\frac{15\times168,72}{14,06}$ et celui des voitures à 2 chevaux de $\frac{6\times168,72}{14,06}=72$.

Preuve: $0,03\times3564$ = 106 fr. 92
$0,05\times660$ = 33 fr.
$0,10\times180$ = 18 fr.
$0,15\times72$ = 10 fr. 80

Total 168 fr. 72.

417. Les 27 pièces de drap contiennent ensemble $60\times27=1620$ mètres, et elles ont coûté au
marchand $23,75\times1620=38475$ fr. — Il les a revendues avec un bénéfice de $\frac{7,50\times38475}{100}=2885$ f. 625.
Le prix de vente a donc été de $38475+2885$ fr. $625=41360$ fr. 625. Rép. 1° 38475 fr.; 2° 41360 fr. 625;
2° 2885 fr. 625.

418. Le 1er ouvrier a travaillé 16 h. et il a fait en 1 h. $\frac{1}{16}$ de l'ouvrage
Le 2e ouvrier . . . 24 h . . . $\frac{1}{24}$
Le 3e ouvrier . . . 18 h . . . $\frac{1}{18}$
Le 4e ouvrier . . . 48 h . . . $\frac{1}{48}$
Le 5e ouvrier . . . 144 h . . . $\frac{1}{144}$

Les 5 ouvriers travaillant ensemble feront en 1 heure $\frac{1}{16}+\frac{1}{24}+\frac{1}{18}+\frac{1}{144}=\frac{9}{144}+\frac{6}{144}$
$+\frac{8}{144}+\frac{1}{144}=\frac{27}{144}$ de l'ouvrage.

Pour faire $\frac{27}{144}$ de l'ouvrage ils sont 1 heure
— $\frac{1}{144}$
— $\frac{144}{144}$ . . . $\frac{1\times144}{27}=5$ h. $\frac{1}{3}$. Rép. 5 h. $\frac{1}{3}$.

419. Valeur du quintal de charbon sur place : $4675+800:49039300=0$ fr. 9533.
Valeur du quintal de charbon au lieu de consommation : $80934000:49039300=1$ fr. 6504.
Valeur de l'hectolitre sur place : $0,9533\times133:100=1$ fr. 2679
Valeur de l'hectolitre au lieu de consommation : $1,6504\times133:100=2$ fr. 195.

Rép. 1° 0 fr. 9533 ; 2° 1 fr. 6504 ; 3° 1 fr. 2679 ; 4° 2 fr. 195.

420. Le rabais du premier soumissionnaire est de 15061 fr. $50-14484$ fr. $45=577$ fr. 05.
et celui du second de $\frac{3,50\times15061,50}{100}=527$ fr. 153. — Le travail doit être adjugé au premier
soumissionnaire. — Le taux du 1er rabais est de $\frac{577,05\times100}{15061,50}=3$ fr. 83.

421. Montant de l'imposition : $0,025 \times 25246 = 631\,fr.15$. Montant des contributions d'une personne qui payait déjà 28 fr. avant cette imposition : $28\,fr. + 0,025 \times 28 = 28\,fr.71$. — Rép. 1° 631 fr. 15 ; 2° 28 fr. 71.

422. Si cette personne perd en 1 jour 1 fr. 86 de son revenu, en 1 an elle perd $1,86 \times 365 = 678\,fr.90$. Sur 100 fr. à 5 pour %, elle perd $5 - 4\frac{1}{3} = \frac{2}{3}\,fr.$

Pour perdre $\frac{2}{3}$ de fr. de rente il faut 100 fr. de capital

$$- \quad \frac{1}{3}\,de\,fr. \quad \cdots \quad \frac{100}{\frac{2}{3}}$$
$$- \quad \frac{3}{3}\,de\,fr.\ ou\ 1\,fr. \quad \cdots \quad \frac{100 \times 3}{2}$$
$$- \quad 678\,fr.90 \quad \cdots \quad \frac{100 \times 3 \times 678,90}{2} = 101835\,fr.\ de\ capital.$$

Déterminons le revenu journalier à raison de 5 p. %.

$$\frac{2}{3}\,de\,fr.\ dépensé\ correspondent\ à\ un\ revenu\ de\ 5\,fr.$$
$$\frac{1}{3}\,fr. \quad \cdots \quad \frac{5}{2}$$
$$1\,fr. \quad \cdots \quad \frac{5 \times 3}{2}$$
$$1\,fr.86 \quad \cdots \quad \frac{5 \times 3 \times 1,86}{2} = 13\,fr.95$$

A raison de $4\frac{1}{3}$ p. % le revenu doit être de $13,95 - 1,86 = 12\,fr.09$. Rép. Le capital est de 101835 fr. ; le revenu journalier est de 13 fr. 95 dans la 1ère hyp. et de 12 fr. 09 dans la 2ème.

423. Puisque ce marchand ajoute 10 litres d'eau par hectol. du mélange, sur 11 lit. de ce mélange, il y a 10 litres de vin pur et sur 1 lit., il y en a $\frac{100}{110}$ ou $\frac{10}{11}$ de litre. —

En vendant le mélange 0 fr. 60 le litre, il vend

$$\frac{10}{11}\ de\ litre\ de\ vin\ pur\ 0\,fr.60$$
$$\frac{1}{11} \quad \cdots \quad 0,60 : 10$$
$$\frac{11}{11} \quad \cdots \quad 0,60 \times 11. \quad — \quad Le\ problème\ est\ ramené\ à\ celui-ci:$$

Dans quelle proportion faut-il mélanger du vin à 0 fr. 17 le litre et du vin à 0 fr. 90 pour obtenir du vin à 0 fr. 66. —

$$0,66 = \begin{Bmatrix} 0,17 + 0,49 \\ 0,90 - 0,24 \end{Bmatrix} \quad d'où \quad \begin{matrix} 24\ à\ 0,17 \\ 49\ à\ 0,90 \end{matrix}$$

On trouve que ce mélange doit se faire dans la proportion de 24 litres à 0 fr. 17 et de 49 lit. à 0,90.

Sur 24 litres à 0 fr. 17 il doit ajouter 49 lit. à 0,90

$$1\,lit.\ à\ 0\,fr.17 \quad \cdots \quad 49 : 24 \quad —$$
$$100\,lit.\ à\ 0\,fr.17 \quad \cdots \quad \frac{49 \times 100}{24} = 816\,lit.\ à\ 0\,fr.90. \quad Rép.\ 816\ lit.\ à\ 0,90$$

424. Cherchons le poids de 15 hl. 256 d'alcool. 1 centim³ pèse 0 gr. 79 ; 1 litre pèsera $0,79 \times 1000 = 790$ grammes ; 1 hl. pèsera $790 \times 100 = 79$ kg. et 15 hl. 256 pèseront $79 \times 15,256 = 1205$ kg. 224.

Pour donner 92 kg. d'alcool, il faut 198 kg. de suc de raisin

$$1\,kg. \quad \cdots \quad 198 : 92$$
$$1205\,kg.224 \quad \cdots \quad \frac{198 \times 1205,224}{92} = 2593\,kg.85$$

Cherchons maintenant combien ce suc de raisin aura produit d'acide carbonique

198 kg. de suc donnent 88 kg. d'acide carbonique

$$1\,kg. \quad \cdots \quad 88 : 198$$
$$2593\,kg.85 \quad \cdots \quad \frac{88 \times 2593}{198} = 1152\,kg.82$$

Rép. 2593 kg. 85 de suc de raisin et 1152 kg. 82 d'acide carbonique.

425. De la manière dont les 198 lignes de drain doivent être disposées, il enfant une au milieu de chaque longueur de 10 m. Il enfaut donc $130 : 10 = 13$ qui forment une longueur de $525 \times 13 = 6825$ m. Le nombre des tuyaux employés sera donc de $6825 : 0,35 = 19500$; mais en égard au déchet il sera de $19500 \times \frac{100}{92} = 21195,65$. En fait il en faudra 21196. — 100 tuyaux coûtent 1 fr. 90, 21196 tuyaux coûtent $\frac{1,90 \times 21196}{100} = 402\,fr.72$. Rép. 1° 21196 tuyaux ; 2° 402 fr. 72.

426. Le volume du 3ᵉ bloc étant $\frac{21}{27}$ le volume du second sera $\frac{16}{27}$ et celui du premier $\frac{1}{27} + \frac{1}{8}$ de 16 ou $\frac{16}{27} + \frac{2}{27} = \frac{18}{27} - \frac{21}{27}$; $\frac{18}{27} - \frac{21}{27} = \frac{9}{27} = \frac{1}{3}$ qui représente un volume 1 m³ 005 093 cent³. Si le $\frac{21}{27}$ du volume du 3ᵉ bloc est à 1 m³ 005 093 centim³.

$$1,005093 \times 3 = 3\ m³\ 015\ 279. — Le\ volume$$

du second bloc est de $3,015279 \times \frac{16}{21} = 1\ m³\ 786832$ et le volume du premier de $3,015279 \times \frac{18}{27} = 2\ m³\ 010186. — 3,015279 + 1,786832 + 2,010186 = 6\ m³\ 812297\ centim³.$

Les $\frac{1}{10}$ du volume d'eau donnée par la fusion de la glace sont de 6 m³ 812297

$$\frac{\frac{1}{10}}{\frac{9}{9}} \qquad \begin{matrix} 6,812297 : 10 \\ \frac{6,812297}{10} \times 9 = \end{matrix}$$

6 m³ 131 décim³ 067 centim³ ou 6131 décim³ 067 centim³ $= 6131$ lit. 067. *Rép.* 6131 lit. 067.

427. 340 m² à 7 fr. 50 le mètre carré valent $7,50 \times 340 = 2550$ fr.

$\qquad 408$ m² à 5 fr. 40 le mètre carré valent $5,40 \times 408 = 2203$ fr. 20

$\qquad$ La troisième portion vaut . . . . . . $\underline{\qquad 1326 \text{ fr.}}$

$\qquad$ Cet individu a vendu en tout pour $\qquad 6079$ fr. 20.

Puisqu'il gagne, indépendamment de la portion qu'il a conservée 2 p. % du prix total de l'achat, ce dernier prix est de $\dfrac{100 \times 6079,20}{102} = 5960$ francs. — 14 ares $9 = 1490$ m². — Il avait acheté le mètre carré $5960 : 1490 = 4$ fr. — Pour porter son bénéfice à 3 p. %, il doit revendre le terrain les $\dfrac{103}{100}$ du prix d'achat ou $5960 \times \dfrac{103}{100} = 6138$ fr. 80. Il devra donc revendre la portion qu'il a conservée $6138,80 - 6079,20 = 59$ fr. 60. *Rép.* 5960 fr.; 4 fr.; 59 fr. 60.

428. La récolte en blé aurait en poids de $56738 : 15 = 3782$ kg. 533.; en volume de $= 51$ hl. 115 de blé; en valeur de $16,50 \times 51,115 = 843$ fr. 397 — Les 325 ares de terrain valent 3 ha. 25 a. dont le rendement en blé est de 3782 kg. 533. Le rendement d'un hectare serait donc de $3782,533 : 3,25 = 1163$ kg. 856. — Le rendement de 3 ha. 25 a. ensemencés en pommes de terre étant de 56738 kg., le rendement d'un hectare est de $56738 : 3,25 = 17457$ kg. 846 g.

Rép. $1°$ 843 fr. 397; $2°$ 1163 kg. 856 en blé et 17457 kg. 846 en pommes de terre.

429. On sait que l'or vaut à poids égal $15 \frac{1}{2}$ fois plus que l'argent; donc s'il y a un poids d'or deux fois moindre que celui de l'argent, la valeur de l'or sera seulement la moitié de $15 \frac{1}{2}$ fois celle de l'argent ou les $\frac{31}{4}$ de celle de l'argent. De même l'argent vaut à poids égal, 20 fois plus que le bronze; donc si le poids du bronze est deux fois plus grand que celui de l'argent, la valeur de l'argent sera égale seulement à 10 fois celle du bronze. Le problème revient alors à celui-ci : Partager 6195 francs en trois parties, telles que la première soit les $\frac{31}{4}$ de la deuxième, et la 2ème 10 fois la 3ème. —

$\qquad$ 3e partie 1

$\qquad$ 2e partie 10

$\qquad$ 1re partie $10 \times \frac{31}{4} = $ . . . . $\dfrac{310}{4}$

$\qquad$ Total des trois parties $= \dfrac{}{} \quad 1 + 10 + \dfrac{310}{4} = \dfrac{4}{4} + \dfrac{40}{4} + \dfrac{310}{4} = \dfrac{354}{4} = \dfrac{177}{2}$ de la 3ème

$\dfrac{177}{2}$ de la 3ème partie $= 6195$ francs $\qquad$ La valeur du bronze est donc égale à 70 francs; celle de

$\dfrac{1}{2}$ . . . . . $= \dfrac{6195}{177}$ $\qquad$ l'argent sera 10 fois plus grande ou 700 francs; et celle de

$\dfrac{2}{2}$ ou la 3e partie $= \dfrac{6195 \times 2}{177} = 70$ francs $\qquad$ l'or sera de $700 \times \dfrac{31}{4} = 5425$ fr. —

Preuve : 70 fr. $+ 700$ fr. $+ 5425$ fr. $= 6195$ fr. — Un franc en monnaie de bronze pèse 100 gr.; 70 francs pèsent par conséquent 7000 gr. ou 7 kg.; 1 fr. en monnaie d'argent pèse 5 gr. et 700 fr. $5 \times 700 = 3500$ gr. ou 3 kg. 5; 310 francs en monnaie d'or pèsent 1 kg. ou 1000 gr.; 1 fr. pèse $1000 : 310$ et 5425 francs pèsent $\dfrac{1000 \times 5425}{310} = 1750$ gr. *Rép.* $1°$ 7000 gr.; 3500 gr. et 1750 gr.; $2°$ 70 fr., 700 fr. et 5425 fr.

430. 2800 francs à 4 p. % donnent un intérêt de $\dfrac{2800 \times 4}{100} = 112$ francs. Si cette personne n'avait pas prêté 2800 fr. son revenu aurait été augmenté de $208 + 112 = 320$ fr. — Supposons le capital primitif de 600 francs. — Les $\frac{5}{6}$ à 3 p. % donnent $500 \times 0,03 = 15$ francs

$\qquad$ et le $\frac{1}{6}$ à 5 p. % donne $100 \times 0,05 = \qquad \underline{\quad 5 \quad}$

$\qquad\qquad\qquad\qquad\qquad$ Total $\qquad 20$ francs.

600 francs à 4 p. % donnent $600 \times 0,04 = 24$ francs. — Il y aurait donc pour le deuxième placement un revenu en plus de 4 francs. — 4 fr. d'augmentation viennent de 600 fr.

$\qquad\qquad 1$ fr. . . . . $600 : 4$

$\qquad\qquad 320$ fr. . . . . $\dfrac{600 \times 320}{4} = 48000$ fr. *Rép.* 48000 fr.

431. La 4e partie étant $\frac{8}{8}$, la 3ème est $\frac{5}{8}$, la 2ème $\frac{3}{4} \times \frac{5}{8} = \frac{15}{32}$ et la 1re $\frac{15}{32} \times \frac{2}{3} = \frac{10}{32}$; ou, en réduisant au même dénominateur, les quatre parties sont la 1re $\frac{10}{32}$, la 2^e $\frac{15}{32}$, la 3ème $\frac{20}{32}$ et la 4ème $\frac{32}{32}$. — En partageant 8612 en parties proportionnelles à ces fractions on trouve que la première partie est $\dfrac{8612}{77} \times 10 = 1118$ fr. 44

$\qquad$ La 2ème $\qquad \dfrac{8612}{77} \times 15 = 1677$ fr. 66

$\qquad$ La 3^e $\qquad \dfrac{8612}{77} \times 20 = 2236$ fr. 88

$\qquad$ La 4^e $\qquad \dfrac{8612}{77} \times 32 = \underline{3579 \text{ fr. } 008}$

$\qquad\qquad\qquad$ Total $\qquad 8611$ fr. 988.

432. La quantité de minerai acheté est de $9806,25 : 18,75 = 52300$ kg. ou 523 quintaux.

Les frais d'extraction du cuivre sont de $5,757 \times 523 = 3010$ fr. 91. Le cuivre obtenu revient donc à $9806,25 + 3017,71 = 12817$ fr. 16. — Le quintal de minerai contient en cuivre les $\frac{15}{100}$ de 100 kg ou 15 kg. et il n'en donne que les $\frac{98}{100}$ de 15 kg. $= 14$ kg. 70 — Ces 14 kg. 70 coûtent $18,75 + 5,757 = 24$ fr. 507. — Le kilo coûte $24,507 : 14,70 = 1$ fr. 67. Rép. 1f.67 ; 12817 fr. 16.

433. La 1re partie est les $\frac{62}{100} = \frac{31}{50}$ du champ. La 2ème partie en est les $\frac{50}{50} - \frac{31}{50} = \frac{19}{50}$. La 1re partie surpasse la 2ème des $\frac{31}{50} - \frac{19}{50} = \frac{12}{50}$ du champ.

$\frac{12}{50}$ du champ valent 612 ares

$\frac{1}{50}$ . . . . . . $\frac{612}{12}$

$\frac{31}{50}$ . . . . . $\frac{612 \times 31}{12} = 1581$ ares

$\frac{19}{50}$ . . . . . $\frac{612 \times 19}{12} = 969$ ares

La 1re partie a rapporté, de bénéfice brut, $21,90 \times 420,7 = 9213$ fr. 33, et, de bénéfice net, 9213 fr. $33 - 757 = 8456$ fr. 33 ; La 2ème partie a rapporté de bénéfice brut, $14,80 \times 590,07 = 8733$ fr. 36, et de bénéfice net, $873,036 - 500 = 8233$ fr. 036. L'hectare de la 1re partie rapporte donc $8456,33 : 15,81 = 534,87$. et l'hectare de la 2ème . . . $8233,036 : 9,69 = 849$ fr. 64.

434. Les $\frac{3}{4}$ de l'avant dernier reste $= 21000$ fr.

$\frac{1}{4}$ . . . . $= \frac{21000}{3} = 7000$ fr. — Donc

Église . . . . . . 7000 fr. }
+ 1500 fr. } 8500 fr.

Salle d'asile . . . . . . 21000 f.

Total formant les $\frac{4}{5}$ du 1er reste 29500 fr.

$\frac{1}{5}$ du reste ou la part des pauvres $= 29500 : 4 =$ 7375 fr.

50000 f.

Fortune totale $= 86875$ fr.

Rép. 1° 86875 fr. ; 2° 8500 fr. à l'église et 7375 fr. aux pauvres.

435. D'après l'énoncé 11583 francs représentent les $\frac{3}{4}$ de la fortune du commerçant après une troisième opération ; avant cette opération elle était donc de $11583 \times \frac{4}{3} = 15444$ francs. Après une seconde opération, la fortune ayant augmenté des $\frac{3}{10}$ de ce qu'elle était après une première, c'est qu'elle était avant cette seconde opération de $\frac{15444 \times 10}{13} = 11880$ fr. — Après une première opération la fortune ayant augmenté des $\frac{2}{9}$ de sa valeur primitive, 11880 francs représentent les $\frac{11}{9}$ de ce qu'elle était avant cette augmentation. — Donc

Si les $\frac{11}{9}$ de la fortune primitive valent 11880 fr.

$\frac{1}{9}$

$\frac{9}{9}$ . . . . $11880 : 11$

. . . . $\frac{11880 \times 9}{11} = 9720$ francs. Rép. 9720 fr.

436. Cherchons le poids des betteraves cultivées ; ces betteraves ont rendu 12891 quintaux de pulpe qui ne représentent que les $\frac{8}{11}$ du poids des betteraves.

Les $\frac{8}{11}$ du poids des betteraves sont de 12891 quintaux

$\frac{1}{11}$ . . . . . . $\frac{12891}{8}$

$\frac{11}{11}$ . . . . . $\frac{12891 \times 11}{8} = 17725$ q. 125

L'hectare produit 537 quintaux 43, autrement dit,

537 qunt. 43 de bett. sont produits par 1 ha.

1 q. . . . . . . $1 : 537,43$

17725 q. 125 . . . $\frac{1 \times 17725,125}{43} = 32$ ha. 988.

La quantité d'alcool obtenu n'est que 3,95 p. % du poids des betteraves employé ; Donc, 100 quintaux de betteraves donnent 3,95 d'alcool

1 q. . . . . . . $3,95 : 100$

17725 q. 125 . . . $\frac{3,95 \times 17725,125}{100} = 700$ q. 1424.

Rép. 32 ha. 998 ; 700 q. 1424 d'alcool.

437. Après la première vente il reste les $\frac{4}{5}$ de la propriété. — Les $\frac{3}{7}$ de $\frac{4}{5} = \frac{12}{35}$. — Il reste après la 2ème vente $\frac{4}{5} - \frac{12}{35} = \frac{28}{35} - \frac{12}{35} = \frac{16}{35}$. — 7 ha. 95 a. 43 centia. représentent les $\frac{16}{35}$ de la propriété. — Si $\frac{16}{35}$ de la propriété valent 7 ha. 95 a. 43 centia.

$\frac{1}{35}$ . . . . . . $7,9543 : 16$

$\frac{35}{35}$ . . . . . $7,9543 \times 35 : 16 = 17$ ha. 40 ares. —

7ha. 95 ares 43 centia. = 79543 mètres carrés qui valent 0,245 × 79543 = 19488 fr. 035. Cette somme n'étant payée qu'au bout de 7 mois 20 jours ou de 220 jours, la personne en perd les intérêts qui sont de $\frac{19488,035 \times 6 \times 220}{36000}$ = 747 fr. 04. — Les 7ha. 95a. 43 centia. ne sont réellement vendus que 19488,035 − 747,04 = 18741 fr. — Cette personne a donc retiré 23614,25 + 18741 = 42355 fr. 25, et elle a gagné 42355,25 − 38280 = 4075 fr. 25.

Rép. 1° 17ha. 40 ; 2° 4075 fr. 25.

438. Pour un habillement complet il faut 1,50 + 0,50 + 1,20 = 3m. 20 . — 3m. 20 à 20fr. le mètre valent 20 + 3,20 = 64 francs ; de plus le prix de la façon et des fournitures s'élève 10 + 4 + 3,50 = 17fr. 50. L'habillement complet revient donc à 64 + 17,50 = 81fr. 50. 2° En une année ce marchand fait faire 300 × 2 = 600 habillements sur lesquels il y a 400 francs de frais généraux, et sur lesquels il veut gagner 2000 francs ; c'est donc de 2400 francs qu'il faut augmenter le prix des 600 habillements ; par habillement c'est une augmentation de 2400 : 600 = 4 francs. L'habillement coûtera donc 81,50 + 4 = 85 fr. 50. — 3° Sa clientèle étant augmentée de ¼, il vend 600 + ¼ × 600 = 750 habillem.ts Comme il ne veut gagner que 1500 francs et que son prélèvement est toujours le même, l'augmentation de prix sera de 1500 + 400 = 1900 fr., répartis entre 750 habillements, soit par habillement 1900 : 750 = 2 fr. 53. — La réduction serait de 4 − 2,53 = 1 fr. 47. 4° L'importance annuelle du commerce de ce marchand est de 81,50 × 600 = 48900 fr. dans la première hypothèse et de 81,50 × 750 = 61125 fr. dans la seconde.

Rép. 1° 81 fr. 50 ; 2° 85 fr. 50 ; 3° 1 fr. 47 ; 4° 48900 fr. et 61125 fr.

439. Ce négociant a ensemencé en froment 25,0005 × ⅓ = 8ha. 3335 centia. ; en prairies artificielles, 25,0005 × ⅗ = 15 ha. 0003, en planté d'arbres 25,0005 − (8,3335 + 15,0003) = 1ha. 6667. Le bénéfice d'un hectare de froment étant 180 fr., le bénéfice de 8ha. 3335 est de 180 × 8,3335 = 1500 fr. 03. Le bénéfice de 1ha. de planté d'arbres étant de 180 × ⅞ = 157 fr. 50, le bénéfice de 1ha. 667 sera de 157,50 × 1,6667 = 262 fr. 505. — Le bénéfice annuel sur l'ensemble de l'exploitation étant 3710 fr. 92, le bénéfice sur les 15 ha. 0003 de prairies artificielles est de 3710,92 − (1500,03 + 262,505) = 1948 fr. 385, et le bénéfice sur 1ha. de 1948,385 : 15,0003 = 129 fr. 866. Rép. 129 fr. 866.

440. Représentons la p.te part par 1 ;

la 2e part sera	4 + 1500 ;
la 3e part	½ + 850 ;
la 4e	1 + 375 − 120 ;
la 5ème	2 + 375 − 120 ;
la 6ème	1½ + 850 + 600.

Le total de ces six parts = 10 fois la part du premier héritier + 4310 fr. La part du 1er héritier est donc de $\frac{150000 - 4310}{10}$ = 14569 fr. ; celle du 2e est de 14569 × 4 + 1500 = 59776 francs. celle du 3ème de $\frac{14569}{2}$ + 850 = 8134 fr. 5. celle du 4ème de 14569 + 375 − 120 = 14824 fr. ; celle du 5ème de 14569 × 2 + 375 − 120 = 29393 fr, et celle du 6ème de 14569 + $\frac{14569}{2}$ + 850 + 600 = 23303 fr. 5.

441. Déterminons le poids du froment : 100lit ou 100 déim³ pesant 77 kg. ; 1000 déim³ ou 1 m³ pèse 770 kg. ; 12 m³ 5/7 pèsent 770 × 12 5/7 = 770 × $\frac{89}{7}$ = 110 × 89 = 9790 kg. — Déterminons ensuite le prix de vente : 77 kg. sont vendus 23 fr. 50

1 kg.	23,50 : 77
9790 kg.	$\frac{23,50 \times 9790}{77}$ = 2912 fr. 50.

Rép. 1° 2912 fr. 20 ; 2° 9790 kg.

442. Si le capital était 625 fr., l'intérêt de ce capital pour 18 mois ⅔ serait 674 − 625 = 49 francs. — Nous pouvons raisonner ainsi :

625 fr. de ce capital en 18m ⅔ donnent		49 fr. d'int.
1 fr.	18m ⅔	49 : 625
1 fr.	1m	49 : 625 × 18 ⅔
100 fr.	1m	49 × 100 : 625 × 18 ⅔
100 fr.	12m	$\frac{49 \times 100 \times 12}{625 \times 18 ⅔}$ = 5 fr. 04. Rép. 5 fr. 04.

443. La longueur du fossé est de 1,27 : 0,005 = 254 m. — Le cube du déblai par mètre courant étant de 2m³ 25, le cube total des terrassements sera de 2,25 × 254 = 571 m³ 50. Le prix de un mètre cube de terrassement sera de 1000 : 571,50 = 1 fr. 7

Rép. 571 m³ 50 ; 1 fr. 74978

444. 40 francs en argent pèsent 5 × 40 = 200 grammes. Comme à poids égal la valeur de la

monnaie d'or est 15,50 fois plus grande que celle de l'argent, 40 fr. en or pèsent 200 : 15,50 = 12 gr. 9032. Mais les pièces d'or peuvent avoir, soit en plus, soit en moins une erreur de 0,002 de leur véritable poids ; une pièce de 40 francs peut donc avoir une erreur en plus ou en moins de 12,9032 × 0,002 = 0 gr. 0258. Par conséquent, pour avoir le poids légal, une pièce de 40 fr. doit avoir un poids compris entre les deux limites 12,9032 + 0,0258 = 12 gr. 929 et 12,9032 − 0,0258 = 12 gr. 877. Or aucune des deux pièces données n'est comprise entre ces deux limites, donc aucune d'elles n'a le poids légal. — La 1ʳᵉ pièce perd de son poids 12,9032 − 12,678 = 0 gr. 225, et de sa valeur 0,225 × 15,50 : 5 = 0 fr. 69. — Sa deuxième pièce gagne de son poids 12,990 − 12,9032 = 0 gr. 0868, et de sa valeur 0,0868 × 15,50 : 5 = 0 fr. 27.

445. Pour drainer un hectare il faut 3200 tuyaux qui coûtent 30 × 3200 : 1000 = 96 fr. La longueur totale des tuyaux est de 0,33 × 3200 = 1056 mètres. — Il faudra pour la main-d'œuvre dans les terrains difficiles 0,16 × 1056 = 168 fr. 96. Pour drainer un hectare de terrain difficile il faudra donc 96 + 168,96 = 264 fr. 96 et pour drainer 14,5420 mètres carrés ou 14 ha. 5420, 264,96 × 14,5420 = 3853 fr. 05. La main-d'œuvre dans les terrains faciles coûtera 0,12 × 1056 = 126 fr. 72 ; pour drainer un hectare de terrain facile il faudra donc 96 + 126,72 = 222 fr. 72. Il reste au propriétaire pour drainer du terrain facile 6000 − 3853,05 = 2146 fr. 95. Or le drainage d'un hectare de terrain facile coûte 222 fr. 72, donc il pourra en drainer 2146,95 : 222,72 = 9 ha. 63 a. 95 centia. Rép. 9 ha. 63 a. 95 centia.

446. La superficie des terrains en culture est les 7/5 de celle des bois ou 6,28 × 7/5 = 8 a. 79 a. 20 centia, la superficie des jardins est les 8/37 de celle des terrains en culture ou 8,7920 × 8/37 = 1 ha. 90 ares 10 centiares ; la superficie des terrains bâtis est les 5/13 de celle des jardins ou 1,9016 × 5/13 = 0 ha. 7311 centia. La superficie des bois, des terrains en culture, des jardins et des terrains bâtis est de 6,28 + 8,792 + 1,901 + 0,7311 = 17 ha. 7041 ; mais cette superficie ne forme que les 7/9 de la superficie totale ; celle-ci est donc de 17,7041 × 9/7 = 22 ha. 7624. Celle des étangs sera 22,7624 − 17,7041 = 5 ha. 0583. Rép. La superficie totale est 22 ha. 76 a. 42 centia. ; celle des étangs 5 ha. 5 a. 83 centia. ; celle des bois 6 ha. 28 ; celle des terrains en culture 8 ha. 79 a. 20 centia. ; celle des jardins 1 ha. 90 ares 10 centia. et celle des terrains bâtis 0 ha. 7311.

447. La teneur en cuivre est 12 p. % , c'est-à-dire que sur 100 kg. de minerai, il y a 12 kg. de cuivre. — Le cuivre perdu dans l'opération est les 2/100 de celui que le minerai contient ; donc sur 100 kilog. de minerai on extrait seulement 12 − 12 × 2/100 = 11 kg. 76 de cuivre. — 1 quintal de minerai ou 11 kg. 76 de cuivre coûtent 18 fr. ; les frais d'extraction du cuivre sont de . . . . . . 5 fr. 75 / Total . . . 23 fr. 75.

11 kg. 76 de cuivre reviennent à 23 fr. 75
1 kg. . . . . 23 fr. 75 : 11,76
100 kg. . . . 23,75 × 100 / 11,76 = 201 fr. 95. Rép. 201 fr. 95.

448. Si le bénéfice au lieu d'être les 40/100 du prix d'achat, en eût été les 50/100, il eût été augmenté de 10/100 du prix d'achat. Or cette augmentation est égale à 200 francs ; donc le 10/100 ou 1/10 du prix d'achat = 200 francs et 10/10 ou le prix d'achat = 200 × 10 = 2000 francs. Le bénéfice du cultivateur est donc de 2000 × 40/100 = 800 francs. Rép. Les moutons ont été achetés 2000 francs et revendus avec un bénéfice de 800 francs. —

449. L'aîné des frères a 11 actions et il laisse 16 enfants ; chacun d'eux a donc 11/16 d'action. Le cadet a 9 actions et il laisse 13 enfants ; chacun d'eux a donc 9/13 d'action. — Comparons ces fractions 11/16 = 11×13/16×13 = 143/208 ; 9/13 = 9×16/13×16 = 144/208 ; On voit qu'il est plus avantageux d'acheter la part d'héritage mise en vente dans la succession du plus jeune.

450. 26 journées d'enfants valent 9×26/16 = 14 5/8 j. de femme ; 25 journées d'homme valent 16 × 25 : 8 = 50 journées de femme. — Le total des journées équivaut donc à 21 + 14 5/8 + 50 = 85 j. 5/8 de femme. — Le prix d'une journée de femme est de 132 : 85 5/8 = 1 fr. 541 et le prix de 16 journées de femme ou de 8 journées d'homme de 1,541 × 16 = 24 fr. 656. — Une journée d'homme est de 24,656 : 8 = 3 fr. 082. — Le prix de 9 journées de femme ou de 16 journées d'enfant est de 1,541 × 9 = 13 fr. 869, et le prix d'une journée d'enfant de 13,869 : 16 = 0 fr. 866. Rép. 3 fr. 082, 1 fr. 541 et 0 fr. 866. —

451. Quantité de pain que rendent 70 kg. de farine ou 1 quintal de blé: $\frac{137 \times 70}{100}$ = 95 kg. 90.
Somme que prend le boulanger sur les 70 kg. de farine: $\frac{1130 \times 7}{100}$ = 5 50.04. — Prix de revient des 95 kg. 90 de pain: 30 fr. + 5 fr. 04 = 35 fr. 04. — Prix de revient de 1 kg: 35,04 : 95,90 = 0 fr. 365.

452. Si ce jardin était un carré parfait sa longueur serait $\sqrt{900}$ = 30 mètres; mais alors elle serait diminuée des 2/5 de sa valeur. — Donc

3/5 de sa longueur = 30 mètres | La largeur est évidemment de 900 : 50 = 18 m.;
1/5   = $\frac{30}{3}$ | elle serait donc augmentée de 30 − 18 = 12 mètres.
5/5   = $\frac{30 \times 5}{3}$ = 50 mètres | Réponse. 12 mètres.

453. Le tonneau a une valeur primitive de 3 × 60 = 180 francs. On retire en premier lieu 10 litres qui valent 3 × 10 = 30 francs; mais on les remplace par 10 litres qui valent 1,90 × 10 = 19 fr. La valeur du tonneau diminue donc de 30 − 19 = 11 francs et elle se réduit alors à 180 − 11 = 169 fr. Le litre ne vaut plus que 169 : 60 = 2 fr. 816. — On retire de nouveau 10 litres qui valent 2,816 × 10 = 28 fr. 16; mais on les remplace par 10 litres qui valent 1,90 × 10 = 19 francs. La valeur du tonneau diminue donc de 28,16 − 19 = 9 fr. 16 et elle se réduit à 169 − 9,16 = 159 fr. 84.
Réponse. 159 fr. 84.

454. On a mis du vin dans le premier tonneau pour une somme de 1,50 × 40 = 60 francs. et on en a retiré pour une somme de 1,10 × 40 = 44 fr. — Après cette opération le prix total du tonneau est augmenté de 60 − 44 = 16 fr. et le prix du litre de 1,2066 − 1,10 = 0 fr. 1066. — Le tonneau renfermait évidemment 16 : 0,1066 = 150 lit. 09. — De même on a mis du vin dans le 2ème tonneau pour 44 fr. et on en a retiré pour 60 francs; la valeur de ce tonneau a donc diminué de 16 francs et la valeur du litre de 1,50 − 1,42 = 0 fr. 08. Le tonneau contenait 16 : 0,08 = 200 l.
Réponse. Le premier tonneau contenait 150 lit. 09 et le second 200 litres. —

455. La troisième mise étant 1, la deuxième est 2 et la première 4. —

La 3ème mise a produit 2000 francs en un temps exprimé par 1 (unité de temps)
    id.   1 fr. $\frac{1}{2000}$
La 2ème mise   1 fr. $\frac{1}{2000 \times 2}$
    id.   3000 fr. $\frac{1 \times 3000}{2000 \times 2} = \frac{3}{4}$
La 1ère mise   1 fr. $\frac{1}{2000 \times 4}$
    id.   2500 fr. $\frac{1 \times 2500}{2000 \times 4} = \frac{5}{16}$

Rép. Les temps sont entre eux :: 1, $\frac{3}{4}$, $\frac{5}{16}$ ou comme $\frac{16}{16}$, $\frac{12}{16}$ et $\frac{5}{16}$ ou bien encore comme 5, 12 et 16.

456. La tare est de 1153,6 × $\frac{8}{100}$ = 92 kg. 288 et le poids net de 1153,6 − 92,288 = 1061 kg. 312.

100 kg. coûtent 117 fr. 50 | Sur 100 fr. on a une remise de 2 fr.
1 kg.   117,50 : 100 | 1 fr.   2 : 100
1061 kg. 312 $\frac{117,50 \times 1061,312}{100}$ = 1247 fr. 0416 | 1247 fr. 0416 $\frac{2 \times 1247,0416}{100}$ = 24 fr. 94.

On veut gagner 12 p. % sur le prix de vente. — Le prix d'achat de 1 kg. est de 117,50 : 100 = 1 fr. 175.
Ce qu'on achète 88 fr. est vendu 100 fr.
    —   1 fr. $\frac{100}{88}$ | Rép. 1° 1247 fr. 0416; 2° 24 fr. 94;
          1 fr. 175 $\frac{100 \times 1,175}{88}$ = 1 fr. 335 | 3° 1 fr. 335.

457. 4 fr. 50 sont produits par 98 fr. 50 | 100 francs en 16 mois ont produit
      1 fr.   98,50 : 4,50 | $\frac{4,50 \times 16}{12}$ = 6 fr.
   3816 fr. $\frac{98,50 \times 3816}{4,50}$ = 83570 fr. 40 |
                   Sur 106 fr. il y a 100 fr. de capital
                   1 fr.   100 : 106
       83570 fr. 40 $\frac{100 \times 83570}{106}$ = 78840 fr.

= $\frac{2}{14}$ de l'autre; (La première personne ayant en $\frac{2}{7}$ de plus que la seconde, a évidemment en $\frac{1}{2} + \frac{1}{7} = \frac{7}{14} + \frac{1}{14}$ = $\frac{2}{14}$ de l'autre; (La somme de deux nombres étant 1, leur D. P. est $\frac{2}{7}$, le p. g. de ces nombres est $\frac{9}{14} \cdot \frac{5}{7}$)

Nous aurons donc. $9/14$ de l'héritage valent 78840 fr.

$1/14$ . . . . . . 78840 : 9

$14/14$ . . . . . . $\dfrac{78840 \times 14}{9} = 122640$ francs. Rép. 122640 fr.

458. Cherchons combien 5 ares de pré valent d'ares de champ.

7 ares de pré valent 38 ares de champ | 5 ares de pré ou 27 ares 1/7 de champ + 40 fr. valent
1 are . . . . . . $38 : 7$ . . . | 30 ares de champ. Donc $30 - 27\,\tfrac{1}{7}$ ou 2 a. $\tfrac{6}{7}$ de champ
5 ares . . . . $\dfrac{38 \times 5}{7} = 27$ ares 1/7 | valent 40 francs.

2 a. $\tfrac{6}{7}$ ou $\dfrac{20}{7}$ d'are de champ valent 40 francs

$\dfrac{1}{7}$ . . . . . . $\dfrac{40}{20}$

$\dfrac{7}{7}$ ou 1 are de champ . . . $\dfrac{40 \times 7}{20} = 14$ francs.

Déterminons le prix d'un are de pré. — 30 ares de champ valent 420 francs, donc 5 ares de pré + 40 francs valent aussi 420 francs; d'où 5 ares de pré valent 420-40 ou 380 fr. et 1 are vaut $380 : 5 = 76$ francs. Rép. 1 are de pré vaut 76 fr. et 1 are de champ. 14 francs.

459. Sur 100 francs après l'autre opération, il lui restait 92 francs, et après la seconde il avait $\dfrac{92 \times 113}{100} = 103$ fr. 96. — 103 fr, 96 viennent de 100 fr.

1 fr. . . . . . . $\dfrac{100}{103,96}$

51980 fr . . . . $\dfrac{100 \times 51980}{103,96} = 50000$ fr. Rép. 50000 francs.

460. Ce capital a évidemment rapporté en 16-5 ou 11 mois $1312-1235 = 77$ fr. et en 5 mois $\dfrac{77 \times 5}{11} = 35$ fr. — Le capital est donc de $1235-35 = 1200$ fr. et le taux de $\dfrac{35 \times 100 \times 12}{1200 \times 5} = 7$ fr. Rép. 1200 fr ; 7 fr.

461. 217 litres 35 à 14 fr. les 202 litres coûtent $\dfrac{127 \times 217,35}{212} = 130$ fr. 205. On a payé pour les frais d'octroi $10,53 \times 2,1735 = 22$ fr. 93. — 1 lit. de vin pesant obvg. 995 g, 217 lit. 35 pèsent $0,9939 \times 217,35 = 216$ kg 024. — Le tonneau vide pèse 21 kg 53, et plein, il pèse $216,024 + 21,53 = 237$ kg 554 ou at. 237 554. —

1 tonne transportée à 1 km coûte 0 fr. 032

0,237554 . . . . . 1 km . . . . . $0,032 \times 0,237554$

0,237554 . . . . . 378 km . . . . $0,032 \times 0,237554 \times 378,7 = 2$ fr. 878

Le vin rendu à domicile coûte $130,205 + 22,93 + 2,878 = 156$ fr. 013. — Le fût contient $217,35 : 0,73 = 297$ bout. environ. — Les bouteilles à raison 1 fr. 75 le cent coûtent $\dfrac{15,75 \times 297}{100} = 46$ fr. 935. — Les bouchons coûtent $\dfrac{1,45 \times 297}{100} = 4$ fr. 322. le vin mis en bouteilles revient donc à $156,013 + 46,935 + 4,322 = 207$ fr. 27. — Comme on en a perdu 7 bouteilles, il en reste $297-7 = 290$. — La bouteille revient donc à $\dfrac{207,27}{290} = 0$ fr. 71. Rép. 156 fr. 013 ; 0 fr. 71.

462. D'après l'énoncé on voit que 1/3 du prix du 2e objet = 1/4 du prix du premier + 13 francs. Donc si 1/3 du 2ème objet = 1/4 du 1er + 13 fr., 3/3 du 2e objet ou le 2e objet = 3/4 du 1er + 39 fr. Or le 1er objet plus le 2e objet coûtent 88 fr.; Donc

$\dfrac{4}{4}$ du 1er + $\dfrac{3}{4}$ du 1er + 39 fr. = 88 fr.

$\dfrac{7}{4}$ du 1er . . . = 88 fr. - 39 fr. = 49 fr. | Si le 1er objet a coûté 28 fr., le 2ème a
$\dfrac{1}{4}$ du 1er . . . = $49 : 7$ | évidemment coûté $88 - 28 = 60$ fr.
$\dfrac{4}{4}$ . . . = $\dfrac{49 \times 4}{7} = 28$ fr. | Rép. 28 fr. et 60 fr. —

463. En retirant 40 litres du premier tonneau, on diminue sa valeur de $3 \times 40 = 120$ fr. En retirant 10 litres du second tonneau on diminue sa valeur de $2 \times 10 = 20$ francs, de sorte que la diminution du premier surpasse de 100 francs celle du second. — Comme après ces opérations, les tonneaux ont même valeur, c'est que primitivement le premier tonneau valait 100 francs de plus que le second, or 1 litre du premier vin valait $3-2 = 1$ fr. de plus que 1 litre du second; donc chaque tonneau contenait $100 : 1 = 100$ litres. — Le premier tonneau a une valeur de $3 \times 100 = 300$ francs et le second une valeur de $2 \times 100 = 200$ francs Rép. 1° Chaque tonneau contenait 100 litres; 2° le premier tonneau valait 300 fr. et le second 200 francs. —

464. Déterminons combien 13 ares 1/2 de la première propriété valent d'ares de la seconde

$1 + \frac{5}{10} = 1 + \frac{1}{2} = \frac{3}{2} \; ; \; 1 + \frac{4}{5} = \frac{9}{5} \; ; \; 13 + \frac{1}{2} = \frac{27}{2}.$

$\frac{3}{2}$ d'are de la 1ʳᵉ propriété coûtent autant que $\frac{9}{5}$ d'are de la seconde

$$\frac{1}{2} \qquad\qquad \frac{9}{5 \times 3}$$

$$\frac{27}{2} \qquad\qquad \frac{9 \times 27}{5 \times 3} = 16 \text{ ave } \frac{1}{5}. \; — \text{ Pour le prix, les deux propriétés}$$

sont donc entre elles comme $16\frac{1}{5}$ est à $5\frac{2}{11}$. Cherchons maintenant le prix d'achat des deux propriétés
ensemble. — 100 francs d'achat devenaient avec les frais 106 francs. —

Si 106 francs viennent de 100 francs

1 franc . . . . $\frac{100}{106}$

11660 francs . . . $\frac{100 \times 11660}{106} = 11000$ francs.

On obtiendra le prix d'achat de chaque propriété en
partageant 11000 francs en parties proportionnelles aux
nombres $16\frac{1}{5}$ et $5\frac{2}{11}$. — On trouvera 8229 fr. 22 pour le
prix de la 1ʳᵉ propriété et 2770 francs, 78 pour le prix de la seconde.

465. Le travail du 3ᵉ ouvrier étant 1, celui du second sera $\frac{9}{11}$, celui du premier $\frac{9}{11} \times \frac{7}{5}$ ou $\frac{63}{55}$, celui
du 4ᵐᵉ $\frac{9}{11} \times \frac{3}{4} = \frac{27}{44}$ et celui du 5ᵉ $\frac{13}{12}$ $(660 = 11 \times 5 \times 4 \times 3)$. — $1 + \frac{9}{11} + \frac{63}{55} + \frac{27}{44} + \frac{13}{12} = \frac{660}{660} + \frac{540}{660} +$
$\frac{756}{660} + \frac{405}{660} + \frac{715}{660} = \frac{3076}{660}$. — Ainsi le travail des 5 ouvriers équivaut aux $\frac{3076}{660}$ du travail du troisième.
Donc, les $\frac{3076}{660}$ du travail du 3ᵉ ouvrier ont été payés 7208 fr. 27

$$\frac{3076}{660} \qquad\qquad 7208,27$$

$$\frac{660}{660} \qquad\qquad \frac{7208,27 \times 660}{3076} = 1546 \text{ fr. } 63. \; — \text{ Le 3ᵉ ouvrier}$$

ayant reçu 1546 fr. 63 pour 15 jours $\frac{3}{4}$, a reçu pour 1 jour $1546,63 : 15\frac{3}{4} = 98$ fr. 72. — Les autres ouvriers
ont reçu également par jour, le 2ᵐᵉ $98,72 \times \frac{9}{11} = 80$ fr. 77 ; le 1ᵉʳ $80,77 \times \frac{7}{5} = 113$ fr. 08 ; le 4ᵐᵉ $80,77 \times \frac{3}{4} = 60$ fr. 58 ;
le 5ᵐᵉ $98,72 \times \frac{13}{12} = 106$ fr. 95. —

466. Le prix d'achat du vin est de $0,77 \times 72375 = 55728$ fr. 75. Les frais d'octroi et d'entrée s'élèvent par hectol.
à $18 + 0,2 \times 18 = 18 + 3,6 = 21$ fr. 60. — Pour 723 hectol. 75, les frais seront $21,6 \times 723,75 = 15633$ fr. ; le prix
de revient est donc de $55728,75 + 15633 = 71361$ fr. 75. — Ce commerçant veut gagner $\frac{71361,75 \times 25}{100} = 17840$ fr. 44 ;
il doit pour cela revendre son vin $71361,75 + 17840,44 = 89202$ fr. 19. — Il verse $35 \times 723,75 = 25331$ lit. 25
d'eau qui ajoutée aux 72375 lit. de vin donnent un total de $72375 + 2533,25 = 97706$ lit. 25. — Il devra donc
revendre le litre $89202,19 : 97706,25 = 0$ fr. 912, et la bouteille de 0 lit. 82, $0,912 \times 0,82 = 0$ fr. 7478 $= 0$ fr. 75.

467. 225 lit. de la 1ʳᵉ espèce ont coûté 136 fr. 35 | à 15 lit. le marchand ajoute 1 litre d'eau

$\underline{\quad 300 \text{ lit. de la 2ᵉ espèce ont coûté } 139 \text{ fr. } 80 \quad}$ | 1 lit. . . . . . . $\frac{1}{15}$

525 lit. de vin ont coûté 276 fr. 15 | 525 lit. . . . $\frac{1 \times 525}{15} = 35$ lit. d'eau

Le mélange était par conséquent de $525 + 35 = 560$ litres que le marchand revend $0,80 \times 560 = 448$ francs.
Mais dans cette vente il y a 560 bouteilles qui ont coûté 120 fr. 08 ; le marchand ne retire donc de son vin
que $448 - 120,08 = 327$ fr. 95 ; son bénéfice a par conséquent été de $327,95 - 276,15 = 72$ fr. 80. Rép. 72 fr. 80.

468. 96 litres d'eau-de-vie à 2 fr. 70 le litre coûtent $2,70 \times 96 = 259$ fr. 20. — Dans 1 franc il y a 4 gr. 5 d'argent
pur ; donc . . . . Si 4 gr. 5 d'argent pur valent 1 fr.

1 gr. . . . . . . $1 : 4,50$

2091 fr. 15 . . . $\frac{1 \times 2091,15}{4,50} = 464$ fr. 70.

On a donc payé le vin $464,70 - 259,20 = 205$ fr. 50. —

Si 625 lit. de vin coûtent 205 fr. 50

1 lit. . . . . . $205,50 : 625$

1 hl. ou 100 lit. . $\frac{205,50 \times 100}{625} = 32$ fr. 88.

$2091,15 + 167,292 = 2258$ gr. 44 d'argent pur. — Le titre de l'alliage est de $\frac{2258,44}{2509,38} = 0,9$. Rép. $1°$ 32 fr. 88 ; $2°$ 0,9.

Le second lingot renferme $418 \text{ gr. } 23 \times 0,4 = 167$ gr. 292
d'argent pur. — Le poids des deux lingots est de
$2091,15 + 418,23 = 2509$ gr. 38 et ils contiennent

469. 7 m³ 364 $= 7364$ décim. $= 7364$ lit. $= 73$ hl. 64. — Poids du blé : $83,37 \times 73,64 = 6139$ kg. 3668. —
Poids de la farine : $81,57 \times 61,393 = 5007$ kg. 881. — Poids du pain = $5007,881 \times \frac{14}{11} = 6373$ kg. 67. —

Prix du blé : $21 \times 73,64$ . . . . . $= 1546$ fr. 44

Frais de transport : $0,03 \times 6,139 \times 120,67 =$ 22 fr. 21

Frais de fabrication : $5,25 \times 73,64$ . . $= 386$ fr. 61

Total des dépenses ou prix du pain . . . 1955 fr. 26 . — Prix du kg. de pain $\frac{1955,26}{6373,67} = 0$ fr. 306 ou 0 fr. 31.

Rép. Le poids du pain est de 6373 kg. 67, le prix de 1993 fr. 02 et le prix par kg. de 0 fr. 31. —

470. Le deuxième associé ayant reçu d'une mise de 15670 francs, un bénéfice de 1954 fr. 95, pour

une mise de 1 franc il aurait reçu 1954, 95 : 15670, et le 3ème associé pour une mise de 12348 francs a reçu $\frac{1954,95 \times 12348}{15670} = 1540$ fr. 60. — Pour avoir 2365 fr. 75, le premier associé a dû mettre $\frac{15670 \times 2365,75}{1954,95} = 18880$ fr. 18. — Le 1er associé a eu 2326 fr. 75 de bénéfice ;

$$\text{Le 2e} \qquad . \qquad . \qquad . \qquad 1954 \text{ fr. } 95 \qquad —$$
$$\text{Le 3me} \qquad . \qquad . \qquad . \qquad 1540 \text{ fr. } 60 \qquad —$$
$$\text{Total} \qquad 5822 \text{ fr. } 20 \qquad —$$

Le bénéfice du 3me associé est de 1540 fr., 60 pour sa mise seulement ; comme il a reçu en outre $\frac{2}{17}$ des bénéfices de l'association, il en résulte que 5822 fr. 20 ne représentent que les $\frac{15}{17}$ du bénéfice total. Le bénéfice total est donc de $\frac{5822,20 \times 17}{15} = 6598$ fr. 49, et les $\frac{2}{17}$ de ce bénéfice de 6598 fr. 49 $\times \frac{2}{17} = 776$ fr. 29. — Rép. Le 3me associé a eu pour sa mise 1540 fr. 60, pour ses soins, 776 fr. 29. Le bénéfice total est de 6598 fr. 49 et le prix de l'immeuble de 18650 fr. 18.

471. La part de la première personne vaut $\frac{3}{4}$ de la part de la deuxième. — Donc $\frac{3}{40} + \frac{4}{5}$ ou $\frac{35}{40}$ de la part de la 2me personne valent 100 fr.

$$\frac{1}{40} \qquad . \qquad . \qquad . \qquad . \qquad \frac{100}{35}$$
$$\frac{40}{40} \qquad . \qquad . \qquad . \qquad \frac{100 \times 40}{35} = 114 \text{ fr. } 28.$$

La part de la 1e personne est évidemment de 114, 28 $\times \frac{3}{4} = 85$ fr. 71, et la somme entière de 114, 28 + 85, 71 = 199 fr. 99. — Rép. 199 fr. 99 ; 85, 71 et 114, 28. —

472. Sur 500 francs il y a 400 fr. à 5 p. % qui, au bout de l'année, sont devenus . . . . . 420 fr.
et 100 fr. à 4 p. % qui, au bout de l'année, sont devenus . . . . . 104 fr.
$$\text{En tout} \quad 524 \text{ francs.}$$

524 fr. viennent de 500 fr.

$$1 \text{ fr.} \qquad \qquad 500 : 524$$
$$12561 \text{ fr. 75} \qquad \frac{500 \times 12561,75}{524} = 11988 \text{ fr. 21.} \qquad \text{Rép. } 11988 \text{ fr. 21.}$$

473. Selon que le capital est 2, 3 fois plus grand, il faut pour produire le même intérêt 2, 3 fois moins de temps. Il suffit donc de diviser 32 en parties inversement proportionnelles aux nombres 6000, 4750, 4400 ou en parties proportionnelles aux fractions $\frac{20900000}{6000 \times 4750 \times 4400}$, $\frac{26400000}{4750 \times 6000 \times 4400}$, $\frac{28500000}{4400 \times 6000 \times 4750}$, ou aux nombres 209, 264 et 285. —

474. Si les 500 grammes ne renfermaient que du cuivre, la perte serait 500 $\times \frac{1}{9} = 55$ gr. 55 ; il y aurait donc une différence de 64 − 55, 55 = 8 gr. 45. Or chaque fois qu'on remplace un gramme de cuivre par 1 gramme d'étain, la différence diminuera de $\frac{1}{7} - \frac{1}{9} = \frac{2}{63}$ d'un gr. On devra donc faire cette substitution autant de fois que $\frac{2}{63}$ sont contenus dans 8, 45, c'est-à-dire 8, 45 : $\frac{2}{63} = 266,175$ fois. — L'alliage contient donc 266 gr. 175 d'étain et 500 − 266, 175 = 233 gr. 825 de cuivre. — Rép. 266 gr. 175 d'étain et 233 gr. 825 de cuivre.

475. L'escompte de 78, 50 pour 90 jours est de $\frac{6 \times 78,50 \times 90}{36000} = 1$ fr. 18 et l'hectolitre du premier vin vaut actuellement 78, 50 − 1, 18 = 77 fr. 32. L'escompte de 63 fr. 25 pendant 150 jours est de $\frac{6 \times 63,25 \times 150}{36000} = 1$ fr. 58 et l'hectolitre du 2e vin vaut actuellement 63, 25 − 1, 58 = 61 fr. 67. L'escompte de 70 fr. 45 pour 6 mois est de $\frac{6 \times 70,45 \times 6}{1200} = 2$ fr. 11, et l'hectolitre du mélange pourrait être cédé actuellement à 70, 45 − 2, 11 = 68 fr. 34. — Le problème revient alors à celui-ci : Combien faut-il prendre d'hectol. de vin à 77 fr. 32 et à 61 fr. 67 l'hectol. pour avoir 87 hl. à 68 fr. — En appliquant le raisonnement relatif aux règles de mélange, on trouvera qu'il y a 37 hl. 08 du premier vin et 49 hl. 92 du deuxième.

476. 12 barriques $\frac{3}{4}$ du premier vin valent 128, 50 $\times 12 \frac{3}{4} = 1534$ fr. 92 ; et 15 barriques $\frac{7}{8}$ du second valent 78, 75 $\times 15 \frac{7}{8} = 1250$ fr. 15. — La valeur des deux premières sortes de vins mélangés est de 1534, 92 + 1250, 15 = 2785 fr. 07. — 12 barriques $\frac{3}{4}$ du premier vin contiennent 228 $\times 12 \frac{3}{4} = 2833$ lit. 71, et 15 barriques $\frac{7}{8}$ du second 210 $\times 15 \frac{7}{8} = 3333$ lit. 75. — Le nombre de litres du mélange est donc de 2833, 71 + 3333, 75 + 1843 lit. = 8010 lit. 46 qui reviennent à $\frac{86,70 \times 8010,46}{228} = 3046$ fr. 08. — Les 18 hl. 43 du 2e vin valent donc 3046, 08 − 2785, 07 = 261 fr. et l'hectolitre 261 : 18, 43 = 14 fr. 16. — Rép. 14 fr. 16.

477. $\frac{2}{3} + \frac{1}{5} = \frac{6}{15} + \frac{5}{15} = \frac{11}{15}$. Cette personne a cultivé $\frac{15}{15} - \frac{11}{15}$ ou les $\frac{4}{15}$ de ses terres en betteraves ; 15 ha. 8456 représentent par conséquent les $\frac{4}{15}$ de la surface totale des terres. — Déterminons la surface des terres cultivées en blé et la surface des terres cultivées

en avoine. — Les $\frac{4}{15}$ des terres valent 15 ha. 8456

$\frac{1}{15}$ . . . . $\dfrac{15,8456}{4}$

$\frac{6}{15}$ . . . . $\dfrac{15,8456 \times 6}{4} = 23$ ha. 7684 (surface ensemencée en blé)

$\frac{5}{15}$ . . . . $\dfrac{15,8456 \times 5}{4} = 19$ ha. 807 (surface ensemencée en avoine)

Si le bénéfice fait sur 1 ha. de betteraves était 1 fr., le bénéfice fait sur 1 ha. d'avoine serait $\frac{7}{9}$ de fr. et le bénéfice fait sur 1 ha. de blé serait $\frac{3}{4}$ de fr. — Alors le bénéfice que cette personne ferait sur les 15 ha. 8456 de betteraves serait de $1 \times 15,8456 = 15$ fr. 8456 ; celui qu'elle ferait sur 23 ha. 7684 de blé, de $\frac{3}{4} \times 23,7684 = 17$ fr. 8263 , et celui qu'elle ferait sur 19 ha. 807 d'avoine de $\frac{7}{9} \times 19,807 = 15$ fr. 405 . — Le bénéfice fait sur chaque espèce de récolte s'obtiendra en partageant 6548 fr. 75 en parties proportionnelles à 15,8456, 17,8263 et 15,405 . — On trouvera pour le bénéfice fait sur les betteraves $\dfrac{15,8456 \times 6548,75}{49,077} = 2113$ fr. 94

$\qquad$ Sur le blé $\dfrac{17,8263 \times 6548,75}{49,077} = 2378$ fr. 74

$\qquad$ sur l'avoine $\dfrac{15,4054 \times 6548,75}{49,077} = 2055$ fr. 70 .

Par suite, le bénéfice fait sur 1 ha. de betteraves est $2113,94 : 15,8456 = 133$ fr. 40

$\qquad$ 1 ha. de blé . . . $2378,74 : 23,7684 = 100$ fr. 09

$\qquad$ 1 ha. d'avoine . . $2055,70 : 19,807 = 103$ fr. 78

Autre solution. $\frac{2}{5} + \frac{1}{3} = \frac{6}{15} + \frac{5}{15} = \frac{11}{15}$. Cette personne a cultivé $\frac{15}{15} - \frac{11}{15} = \frac{4}{15}$ de ses terres en betteraves ; 15 ha. 8456 représentent par conséquent les $\frac{4}{15}$ de la surface totale des terres. Le $\frac{1}{15}$ de cette surface est de $15,8456 : 4 = 3$ ha. 9614 . Par suite la surface ensemencée en blé est de $3,9614 \times 6 = 23$ ha. 7684 et la surface ensemencée en avoine de $3,9614 \times 5 = 19$ ha. 8070. Le bénéfice que cette personne fait par ha. étant, pour la récolte de blé les $\frac{3}{4}$, et pour la récolte d'avoine les $\frac{7}{9}$ de celui qu'elle fait par ha. sur la récolte de betteraves, il en résulte que le bénéfice fait sur les 23 ha. 7684 de blé équivaut à celui fait sur $23,7684 \times \frac{3}{4} = 17$ ha. 8263 de betteraves, et que le bénéfice fait sur les 19 ha. 8070 d'avoine équivaut à celui fait sur $19,807 \times \frac{7}{9} = 15$ ha. 4054 de betteraves . — Le bénéfice total équivaut donc à celui fait sur $17,8263 + 15,4054 + 15,8456 = 49$ ha. 0773 de betteraves . Or le bénéfice total est de 6548 fr. 75 , le bénéfice par hectare de betteraves est donc de $6548,75 : 49,0773 = 133$ fr. 40 ; par suite le bénéfice par hecta. de blé est de $133,40 \times \frac{3}{4} = 100$ fr. 08 et par hecta. d'avoine de $133,44 \times \frac{7}{9} = 103$ fr. 78 . —

478. Le fourrage vert perdant les $\frac{7}{9}$ de son poids en passant à l'état de foin sec, la récolte en foin sec n'est que de $82620 \times \frac{2}{9} = 18360$ kg. — 1 botte pesant 5 kg., le nombre de bottes fournies par cette prairie est de $18360 : 5 = 3672$ bot. 2 . — 3672 b. 2 content 1762 fr. 55

$\qquad$ 1 b. . . . . $\dfrac{1762,55}{3672,2}$

$\qquad$ 100 b. . . $\dfrac{1762,55 \times 100}{3672,2} = 480$ fr.

Sur 1 ha 50 a. on a obtenu pour les deux coupes 3672 b. 2 , d'où sur 1 ha. $3672,2 : 1.50 = 2448$ b. 8 .

Rép. 480 fr. ; 2448 b. 8 .

479. Par hectare, le produit de la première coupe est de 3500 kg. de foin qui valent $4,75 \times 35 = 166$ fr. 25 . Le produit de la 2ᵉ coupe est de $3500 \times \frac{2}{7} = 1000$ kg. de regain qui valent $3,15 \times 10 = 31$ fr. 50 . — La valeur des deux coupes est de $166,25 + 31,50 = 197$ fr. 75 . — Par hecta. les frais d'exploitation sont de $11,40 + \frac{11,40}{3} = 11,40 + 3,80 = 15$ fr. 20 . Le bénéfice est donc de $197,75 - 15,20 = 182$ fr. 55 . — Mais pour 100000 fr. de bénéfice net il y a 8118 fr. de contribution .

108118 fr. de bénéfice brut donnent 100000 fr. de bénéfice net

$\qquad$ 1 fr. . . . . . $\dfrac{100000}{108118}$

182 fr. 55 . . . $\dfrac{100000 \times 182,55}{108118} = 168$ fr. 84 .

$\qquad$ 1000 fr. rapportent 168 fr. 84

$\qquad$ 1 fr. . . . . . $\dfrac{168,84}{1000}$

$\qquad$ 100 fr. . . . $\dfrac{168,84 \times 100}{1000} = 16$ fr. 88 .

Le revenu total est $168,84 \times 190 = 32080$ fr. 23 .

Rép. 1° 32080 fr. 23

$\qquad$ 2° 16 fr. 88 .

480. Cherchons d'abord ce que le cultivateur a dépensé pour son terrain. Sur 1 ha. il sème 128 litres et sur 37 ha. 5384, il en sème $128 \times 37,5384 = 4804$ l. 91 —

Le blé subissant une diminution de 3/4 pour les nettoyages, 4804 hl. 91 ne représentent que les 3/4 du blé acheté. La quantité de ce blé est donc de 4804,91 × 4/3 = 6406 hl.55 = 6406 hl. 0655 qui coûtent 24,35 × 64,0655 = 1559 fr. 99 ou 1560 fr. environ. — Le loyer est de 5642 fr. et les autres frais de 7372 fr. 40; le cultivateur a donc dépensé en tout 1560 fr. + 5642 fr. + 7372 fr. 40 = 14574 fr. 40. — Cherchons maintenant ce qu'a rapporté la propriété. — La récolte en blé a été de 26 × 37,5384 = 975 hl. 9984 qui valent 21,40 × 975,9984 = 20886 fr. 36. Le poids de 100 bottes de paille est de 5 × 100 = 500 kg ou 5 quint. Si 1 ha. donne 42 quintaux de paille, 37 ha. 5384 en donnent 42 × 37,5384 = 1576 q. 6128 qui valent $\frac{19 \times 1576,6128}{5}$ = 5991 fr. 13. Le prix de la récolte est donc de 20886 fr. 36 + 5991 fr. 13 = 26877 fr. 49 et le cultivateur fait un bénéfice de 26877,49 − 14574,39 = 12303 fr. 10. *Rép. 26877 fr. 49; 12303 fr. 10*

481. Les intérêts de 12850 fr. pour un an sont de $\frac{12850 \times 4,50}{100}$ = 578 fr. 25. — Le reste de la maison ne rapporterait alors que 3700 − 578,25 = 3121 fr. 75. Si ce particulier échangeait sa maison contre une terre, il devrait emprunter une somme de 7800 fr. pour se construire un logement et il paierait pour cette somme un intérêt de $\frac{7800 \times 4,50}{100}$ = 351 fr. — En faisant valoir la terre lui-même, le particulier retirerait de son échange un revenu de 7280 − 351 = 6929 fr.; comme les deux propriétés doivent avoir la même valeur après les opérations et contributions payées, le particulier recevrait pour son travail personnel 6929 fr. − 3121 fr. 75 = 3807 fr. 25. *Rép. 3807 fr. 25.*

482. 5 ha. 2792 en prix de 62 fr. les 42 ares 91, valent $\frac{62 \times 527,92}{42,91}$ = 762 fr. 783. — Les frais pour engrais, labour et main-d'œuvre sont de 343,75 × 5,2792 = 1286 fr. 805. — Cette personne a dépensé en tout 1286,805 + 762,783 = 2049 fr. 588. — La récolte étant vendue avec un bénéfice dont 1/21 est versé au bureau de bienfaisance, il reste alors 20/21 du bénéfice qui, d'après l'énoncé du problème, valent 7/54 du prix de vente. Donc le bénéfice vaut $\frac{7 \times 21}{54 \times 20} = \frac{147}{1080} = \frac{49}{360}$ du prix de vente. — Le reste du prix de vente vaut $\frac{360}{360} - \frac{49}{360} = \frac{311}{360}$ du prix de vente comme les frais. — $\frac{311}{360}$ du prix de vente valent 2049 fr. 588

$$\frac{2049,588 \times 360}{311} = 2372 \text{ fr. } 50$$

Rép. 2372 fr. 50.

483. Ce particulier aura d'abord à payer les impositions qui sont de 50 : 8 = 6 fr. 25, il ne lui restera plus qu'un revenu de 50 − 6,25 = 43 fr. 75. —

4 fr. de rente sont produits par 100 fr. de capital
1 fr. .... $\frac{100}{4}$
43 fr. 75 .... $\frac{100 \times 43,75}{4}$ = 1093 fr. 75

Il pourrait enchérir jusqu'à 1093 fr. 75 s'il n'avait pas à payer les frais de toute nature qui sont de 12 p. % du prix d'adjudication. — Nous aurons ce prix en raisonnant ainsi :

112 fr. 50 viennent de 100 fr. d'adjudication
1 fr. .... $\frac{100}{112,50}$
1093 fr. 75 .... $\frac{100 \times 1093,75}{112,50}$ = 972 fr.

Rép. Il pourrait enchérir jusqu'à 972 fr. 22

Preuve : Sur 100 fr. d'achat il y a 12 fr. 50 de frais
1 fr. .... 12,50 : 100
972 fr. 20 .... $\frac{12,50 \times 972,20}{100}$ = 121 fr. 53

972 fr. 22 + 121 fr. 53 = 1093 fr. 75. — L'intérêt de 1093 fr. 75 à 4 p. % est de $\frac{1093,75 \times 4}{100}$ = 43 fr. 75. 43,75 + 6,25 = 50 francs. —

484. 275 dm. d'argent au titre de 0,835 valent 2750.1 = 550 francs. — Les frais de fabrication étant de 1,50 par kilog., les frais pour 2 kg. 750 sont de 1,50 × 2,75 = 4 fr. 125. — Les 275 dm. d'argent au titre de 0,835 ne valent donc que 550 − 4,125 = 545 fr. 875. — L'escompte de 600 francs pour 5 mois à 6 pour % est de $\frac{600 \times 6 \times 5}{1200}$ = 15 fr. et la valeur actuelle du billet de 600 − 15 = 585 fr. — Le premier billet vaut donc actuellement 375 + 545,875 + 585 = 1505 fr. 875. — En désignant par A la valeur nominale du premier billet, on aura A − $\frac{A \times 6 \times 2\frac{1}{2}}{1200}$ = 1505 fr. 875, d'où A = 1524 fr. 937. *Rép. 1524 fr. 937*

485. D'après l'énoncé du problème, les ouvriers n'ont dû travailler que dans un sens 354 + 6 = 2124 jours. Il y avait 10000 + 80000 + 70000 + 3300 = 163300 ouvriers payés à 0 fr. 70 par jour ne recevant pas jour à eux tous 0,70 × 163300 = 114310 fr. — Les 1800 ouvriers payés à 0 fr. 55 recevant par jour 0,55 × 1800 = 990 fr. — La dépense de chaque jour pour toutes ces catégories d'ouvriers était donc de

_85_

114 310 fr. + 990 fr. = 115 300 fr. et la dépense de 2124 jours de 115 300 × 2124 = 244 897 200 francs.
La dépense totale étant exprimée par $\tfrac{5}{5}$, les $\tfrac{4}{5}$ de cette dépense vaudront 244 897 200 fr. ; $\tfrac{1}{5}$ vaudra
244 897 200 : 5 et $\tfrac{7}{5}$ vaudront $\dfrac{244897200 \times 7}{5}$ = 342 856 080 francs. Rép. 342 856 080 francs.

486. Le deuxième cultivateur a dépensé chaque année au-dessus de la somme fixée les $\tfrac{1}{3}$ de
97.50 ou 32 fr. 50. — Le premier a dépensé chaque année les $\tfrac{2}{3}$ des $\tfrac{6}{5}$ ou les $\tfrac{4}{5}$ de la somme fixée.
Or le deuxième a dépensé chaque année 130 francs de plus que le premier ; il a donc dépensé les $\tfrac{4}{5}$ de la somme
fixée plus 130 francs ; mais alors il a dépassé la somme fixée de 32 fr. 50 ; donc le $\tfrac{1}{5}$ de la somme fixée
est de 130 − 32.50 = 97 fr. 50 et la somme fixée de 97,50 × 5 = 487 fr. 50.

2°. Le premier cultivateur a dépensé chaque année 487,50 × $\tfrac{4}{5}$ = 390 fr. et le 2ème 390 + 130 = 520 fr.

3°. En revendant ses moutons 45 francs la paire, le deuxième cultivateur ayant fait un bénéfice brut
de 380 fr., avait $\dfrac{(520+380) \times 2}{45}$ = 40 moutons. — En revendant ses moutons 47 francs la paire, le
premier cultivateur ayant fait un bénéfice brut de 315 francs, avait $\dfrac{(390+315) \times 2}{47}$ = 30 moutons.

4°. Le prix de chaque mouton est de 390 : 30 = 13 fr. —

5°. Si le marchand avait vendu chaque toison 20 f. 95, il aurait gagné en plus sur la valeur
totale des toisons 49,30 − 42,50 = 6 fr. 80, et sur une toison 20 f. 95 − 20,75 = 0 f. 20. — Autant de
fois 6,80 contient 0,20, autant le marchand a acheté de toisons 6,80 : 0,20 = 34 toisons.
Ce marchand ayant fait un bénéfice de 42 fr. 50 sur 34 toisons, sur une toison il a fait un
bénéfice de 42,50 : 34 = 1 f. 25. Il avait donc payé la toison 20,75 − 1,25 = 19 fr. 50. —
Rép. : 1° 487 f. 50, 2° 390 fr et 520 fr ; 3° 40 moutons et 30 m. ; 4° 13 f. ; 5° 19 f. 50.

487. 1re vente : ½ du nombre + ½ œuf. | 1er reste : ½ du nombre − ½ œuf.
2e vente : ¼ du nombre − ¼ d'œuf + ½ œuf
ou ¼ du nombre + ¼ d'œuf.
1re et 2e vente : ¾ du nombre + ¾ d'œuf | 2e reste : ¼ du nombre − ¾ d'œuf.
3e vente : ⅛ du nombre − ⅜ d'œuf + ½ œuf
ou ⅛ du nombre + ⅛ d'œuf. | 3e reste : 0, d'après l'énoncé

1re vente = ½ du nombre + ½ œuf   D'après l'énoncé, le total des trois ventes doit
2e vente = ¼ du nombre + ¼ d'œuf   égaler le total des œufs. Or il manque à $\tfrac{7}{8}$ du nombre,
3e vente = ⅛ du nombre + ⅛ d'œuf $\tfrac{1}{8}$ du nombre pour égaler le nombre entier ; les $\tfrac{7}{8}$
Total = $\tfrac{7}{8}$ du nombre + $\tfrac{7}{8}$ d'œuf.   d'œuf doivent donc être le $\tfrac{7}{8}$ du nombre. — Ce
nombre est par conséquent $\tfrac{7}{8}$ × 8 = 7 œufs. Rép. 7 œufs. —

488. Le capital qui, placé à 4 ¼ pour % donne 300 francs d'int. est de $\dfrac{100 \times 300}{4,25}$ = 7058 fr. 82
Les deux parts étant égales, la valeur du champ est évidemment de 9760 − 7058,82 = 2701 fr. 18
Rép. 2701 fr. 18.

49   La deuxième partie étant 4, la première sera 3, et comme la somme de ces deux
parties est 70000 francs, il suffit de diviser 70000 en parties proportionnelles aux nombres 3 et 4.
La première part sera $\dfrac{70000 \times 3}{7}$ = 30000 fr. et la 2ème $\dfrac{70000 \times 4}{7}$ = 40000 francs. — Les
intérêts de la 2ème partie sont de $\dfrac{5 \times 40000}{100}$ = 2000 francs, et ceux de la 3ème de 2000 − 300 = 1700 fr.
La 3ème partie est donc $\dfrac{100 \times 1700}{4}$ = 42500 fr. et la 4ème $\dfrac{100 \times 20000}{3,50}$ = 57142 fr. 85. — La somme
à partager était 40000 + 30000 + 42500 + 57142,85 = 169 642 fr. 85. —

490. Le salaire journalier des 5 ouvriers est de 3,25 × 5 = 16 fr. 25. —

33 m³ 25 de terrassement coûtent 16 fr. 25 | Les frais de transport sont de
1 m³   16,25 : 33,25 | 0,75 × 12000 = 9000 fr. — L'entrepreneur
12000 m³ $\dfrac{16,25 \times 12000}{33,25}$ = 5864 fr. 66. | aura donc d'abord à payer pour le
terrassement et le transport des déblais 5864,66 + 9000 = 14864 fr. 66 ; il devra payer en outre
pour les faux frais 14864,66 × $\tfrac{1}{10}$ = 1486 fr. 466. Il aura donc à payer en tout

14864,66 + 1486,466 = 16351 fr. 126. — Pour réaliser un bénéfice de 1000 francs il peut offrir, du mètre cube, $\frac{16351,126 \times 1000}{1200}$ = 1 fr. 446. Rép. 1 fr. 446.

491. Sur 100 kilog. de minerai il y a 23 kilog. de plomb, les pertes du plomb dans les diverses opérations étant de 10 pour %, sur 23 kilog. de plomb la perte est de $\frac{10 \times 23}{100}$ = 2 kg. 3. — 100 kilog. de minerai ne produisent donc que 23 − 2.3 = 20 kilog. 7 de plomb argentifère qui contiennent 20,7 × 0,003 = 0 kg. 0621 d'argent. — Le poids du plomb pur produit par 100 kg. de minerai n'est donc en définitive que de 20,7 − 0,0621 = 20 kg. 6379 qui valent $\frac{55 \times 20,6379}{100}$ = 11 fr. 35. — 1 kg. d'argent pur vaut 222 fr. 22 et 0 kg. 0621 valent 222,22 × 0,0621 = 13 fr. 799. — 100 kg. de minerai valent donc 11,35 + 13,799 = 25 fr. 15 La quantité de minerai traité est de 1795000 : 25,15 = 71369 q. 76. — L'usine produit donc 20,6379 × 71369,76 = 1472922 kg. de plomb et 0,0621 × 71369,76 = 4432 kg. 0621 d'argent pur. Rép. 1° 71369 q. 76 ; 2° 1472922 kg. de plomb, 3° 4432 kg. 0621 d'argent.

492. Cherchons d'abord la valeur acquise par la somme empruntée, au bout de 2 ans 7 mois 10 jours. — Le capital 6000 francs devient, au bout de 2 ans $1,04^{2} \times 6000$ = 6489 fr. 60. — L'intérêt de 6489 fr. 60 pour 7 mois 10 jours, ou 220 jours, est de $\frac{4 \times 6489,60 \times 220}{36000}$ = 158 fr. 63. L'emprunteur a donc à acquitter, après 2 ans 7 mois 10 jours, une somme de 6489,60 + 158,63 = 6648 fr. 23. — Il donne 4500 fr. comptant ; il lui reste à payer 6648,23 − 4500 = 2148 fr. 23. L'escompte en dehors du billet de 800 fr. étant de $\frac{6 \times 800 \times 240}{36000}$ = 33 fr. 83, ce billet ne vaut, au moment où il est donné en paiement, que 800 − 33,33 = 766 fr. 67. La somme restant à éteindre par le deuxième billet est donc 2148,23 − 766,67 = 1381 fr. 56. Cette dernière somme égale le montant du 2ᵉ billet, diminué de l'escompte à 6 p. % pendant 9 mois 20 jours, ou 290 jours. L'escompte d'un billet de 100 francs payable dans 290 jours serait de $\frac{6 \times 290}{360}$ = 4 fr. 83 ; 100 francs payables au bout de 290 jours, ne vaudraient aujourd'hui que 100 − 4,833 = 95 fr. 17. — Pour obtenir le montant du second billet, nous dirons :

95 fr. 17 payés actuellement valent 100 fr. à l'échéance

1 fr. . . . . $\frac{100}{95,17}$

1381 fr. 50 . . . . . $\frac{100 \times 1381,50}{95,17}$ = 1451 fr. 72   Rép. 1451 fr. 72.

493. Différence de profondeur entre B et A : 395 m. − 220 m. = 175 m. — Différence de profondeur entre C et B : 543 m. − 395 m. = 148 m. — Différence de température entre les eaux de B et celles de A 25°,33 − 19°,75 = 5°,58. Différence de température entre les eaux de C et celle de B : 30°,50 − 25°,33 = 5°,17. Si ces accroissements étaient proportionnels aux premiers, on aurait $\frac{175}{148} = \frac{558}{517}$, d'où 175 × 517 = 148 × 558 ; ce qui ne peut avoir lieu puisque ces produits devraient admettre évidemment les mêmes facteurs. — 2° Si cette loi était exacte on pourrait écrire $\frac{175}{148} = \frac{558}{x}$; d'où $x = \frac{558 \times 148}{175}$ = 4°,71. — On aurait donc pour la température de l'eau fournie par C   25°,33 + 4°,71 = 30°,04. —

494. Définition. — On appelle poids spécifique d'un corps ce que pèse un certain volume de ce corps comparé à ce que pèse le même volume d'eau. —

$15 = \begin{cases} 19 - 4 \\ 9 + 6 \end{cases}$ On obtiendrait un alliage dont le poids spécifique serait 15 au moyen de 6 volumes d'or et 4 volume de cuivre. — 6 centim³ d'or pèsent 6 × 19 = 114 gr. 4 centim³ de cuivre pèsent 4 × 9 = 36 gr. — Par conséquent 10 centim³ d'alliage pèsent 150 gr., le même volume d'eau pèse 10 gr., donc le poids spécifique de l'alliage est 150 : 10 = 15. — L'or forme les $\frac{114}{150}$ de cet alliage, et le cuivre en forme les $\frac{36}{150}$; par conséquent, dans 50 gr. d'alliage, l'or $= \frac{114}{150} \times 50 = \frac{570}{15}$ = 38 gr. ; le cuivre $= \frac{36}{150} \times 50 = \frac{180}{15}$ = 12 gr. Rép. 38 gr. d'or et 12 gr. de cuivre. —

495. Les $\frac{17}{19}$ d'un quintal de blé épuré ont été achetés 31 fr. 50

Ils ont été revendus $31\,f.50 + \frac{5 \times 195 \times 31,50}{36000} = 32\,f.35$, soit le quintal $\frac{32,35 \times 19}{17} = 36\,f.15$. Il a gagné de plus $2\,f.35$ pour $76\,kg.5$, soit par quintal $\frac{2,35 \times 100}{76,5} = 3\,f.07$. — Il a donc revendu le quintal de blé épuré $36\,f.15 + 3\,f.07 = 39\,f.23$. *Rép.* $39\,f.23$.

496. 1°. Le volume de l'eau contenue primitivement dans le vase est de $0,025 \times 0,86 = 0\,m^3 0216$ ou $21\,lit.50$. 2° La différence de hauteurs qui existe entre le niveau primitif et le niveau actuel est évidemment de $0,008125 : 0,025 = 0,m.325$. *Rép.* 1° $0\,m^3 0215$ ou $21\,lit.50$; 2° $0\,m.325$.

497. Déterminons d'abord la distance entre les deux villes. Le second courrier ayant fait une halte plus longue de deux heures que celle du premier courrier, n'a mis que 20 heures de marche de plus que celui-ci pour faire le trajet, ce qui revient à 10 heures de plus pour parcourir la distance entre les deux villes. Comme le second courrier faisait 3 heures pendant que le premier en faisait 4, il est évident qu'il lui reste $1/4$ de la route à faire lorsque le premier l'a terminée. Or pour achever ce $1/4$, il met 10 heures, donc il met 40 heures pour franchir la distance entière ; et comme il fait 3 lieues à l'heure il en résulte que la distance des deux villes est $40 \times 3 = 120$ lieues. Le second courrier mettant 40 heures pour l'aller, le premier courrier n'en met que 30, puisqu'il lui faut $1/4$ moins de temps. Le premier courrier faisant une halte de 4 heures, repartira après l'expiration de la 34e heure et le second courrier faisant une halte de 6 heures repartira après l'expiration de la 46ème heure. D'où l'on voit que le premier courrier aura déjà marché pendant 12 heures quand le second se mettra en route. Or pendant ces 12 heures, le premier courrier aura fait $4 \times 12 = 48$ lieues ; l'intervalle qui sépare alors les deux courriers est de $120 - 48 = 72$ lieues. Or ils font ensemble en 1 heure $4 + 3 = 7$ lieues ; ils se rencontreront donc après $72 : 7 = 10\,h.\,2/7$ et le second courrier aura alors fait $3 \times 10\,2/7 = 30$ lieues $6/7$. Les deux courriers seront par conséquent à 30 lieues $6/7$ de Paris lorsqu'ils se rencontreront. $46\,h.+10\,h.\,2/7 = $ 2 jours 8h. 17m. — La rencontre aura donc lieu le mardi à 8h. 17m du soir. *Rép.* 1° 30 l. $6/7$; 2° le mardi à 8h. 17m.

398. Déterminons le prix courant des livres vendus par le libraire.

Pour $82\,f.50$, il donne en livres une valeur de $100\,f.$ Mais il reçoit 13 volumes pour 12, et a

$1\,f.$ $\frac{100}{82,50}$ par conséquent une remise de $1/13$ du prix

$6548\,f.$ $\frac{100 \times 6548}{82,50} = 7936\,f.96$ d'achat qu'on paye sur le prix courant

que $7936,96 - \frac{7936,96}{13} = 7326\,f.43$. Sur ces $7326\,f.43$, il reçoit en outre des éditeurs une remise qui se monte à $24 - 2,50 = 21\,f.50$ pour %. —

Sur $100\,f.$ on lui remet $21\,f.50$ L'achat de ses livres ne revient donc que de

$1\,f.$ $\frac{21,50}{100}$ $7326,43 - 1575,18 = 5751\,f.25$, et il fera un bénéfice

$7326\,f.43$ $\frac{21,50 \times 7326,43}{100} = 1575\,f.18$ de $6548\,f. - 5751\,f.25 = 796\,f.75$. — *Rép.* $796\,f.75$.

399. Le rabais étant de $\frac{3,25 \times 100000}{100} = 3250\,f.$, le prix d'adjudication est de $10000\,f. - 3250\,f. = 96750$ francs qui comprennent le montant des travaux et les $5\,p.\%$ de ce montant, bénéfice de l'entrepreneur. — Sur $105\,f.$ du prix d'adjud., il y a $100\,f.$ pour le prix des travaux

$1\,f.$ $\frac{100}{105}$

$96750\,f.$ $\frac{100 \times 96750}{105} = 92142\,f.85$. —

L'entrepreneur gagne d'un autre côté $96750 - 92142,85 = 4607\,f.15$; mais il perd les intérêts de $96750\,f.$ pour 9 mois, c'est-à-dire $\frac{96750 \times 5 \times 9}{1200} = 4353\,f.75$. Son bénéfice net n'est donc que $4607\,f.15 - 4353\,f.75 = 253\,f.40$. *Rép.* 1° $96750\,f.$; 2° $253\,f.40$.

500. La perte éprouvée par Jacques étant égale aux $\frac{4,25}{100}$ du prix d'achat s'exprime par $2927,35 \times \frac{4,25}{100} = 124\,f.412$. Par conséquent, le produit de la vente faite par Jacques à Antoine, à raison de $0\,f.24$ le kilog., est de $2927,35 - 124,412 = 2802\,f.94$. D'où le nombre de kilogr. de fer vendus est de $2802,938 : 0,24 = 11678\,kg\,91$ ou $116\,q\,78\,91$. Antoine revend, à son tour : 1° les $2/7$ du fer qu'il a acheté au prix de $800\,f.$, 2° le reste, ou les $5/7$, à raison de $0\,f.27$ le kg. ;

ce qui donne $\dfrac{27811678,9125}{\ldots} = 2252$ fr. 36 ; le produit de la vente opérée par Antoine est donc de 800 fr. + 2252 fr. 36 = 3052 fr. 36 ; le gain total fait par Antoine est alors égal à 3052 fr. 36 − 2802 fr. 938 = 249 fr. 42. D'où le bénéfice pour % est de $\dfrac{249,42 \times 100}{2802,938} = 8$ fr. 90.

Rép. 1° 116 g. 7891 ; 2° 249 fr. 42 ; 3° 8 fr. 90.

501. Le prix de transport d'une tonne est de 4,75 × 10 = 47 fr. 50 et le prix devient de 115,20 + 47,50 = 162 fr. 70. Mais les avances diminuent ce dernier prix de $115,20 \times \dfrac{27}{100} = 31$ fr. 104 ; la tonne transportée ne revient donc qu'à 162,70 − 31,04 = 131 fr. 596 et le kilog. à 131,596 : 1000 = 0 fr. 13. On veut gagner 28 p. % sur le prix de revient, donc

ce qui coûte 100 fr. doit être rendu 128 fr.

1 fr. — 0 fr. 13 .... $\dfrac{128}{100}$ .... $\dfrac{128 \times 0,13}{100} = 0$ fr. 17

Rép. 1° 0 fr. 13 ; 2° 0 fr. 17.

502. Dans les 8 premières dictées il a fait 1 3/4 × 8 = 14 fautes ; dans les 5 autres il en a fait 2 2/3 × 5 = 13 1/3 ; et enfin dans les 7 autres il en a fait 3 7/8 × 7 = 27 1/8. — Sur les 20 dictées il a donc fait 4 + 13 1/3 + 27 1/8 = 54 f. 11/24, et en moyenne sur une dictée 54 $\tfrac{11}{24}$: 20 = 2 f. $\dfrac{347}{480}$. Le maximum des fautes étant 3, le candidat pourrait donc être admis. —

503. Le premier lingot pèse 855 + 45 = 900 gr. et est au titre de 855 : 900 = 0,950. Le second pèse 648 + 162 = 810 gr. et est au titre de 648 : 810 = 0,800. Le titre du 3ᵉ lingot est de 875,5 : 972 = 0,900. Le problème est ramené à celui-ci : Un orfèvre a deux lingots l'un est au titre de 0,950 et l'autre au titre de 0,800 ; combien doit-il prendre de kg de chacun de ces lingots pour en obtenir un 3ᵉ au titre de 0,900 et pesant 972 gr.

$0,900 = \begin{cases} 0,950 - 0,050 \\ 0,800 + 0,100 \end{cases}$ d'où $\begin{cases} 100 \text{ à } 0,950 \\ 50 \text{ à } 0,800 \end{cases}$ En divisant 972 en parties proportionnelles aux nombres 100 et 50, on obtiendra

$\dfrac{972 \times 100}{150} = 648$ gr. à 0,950 et $\dfrac{972 \times 50}{150} = 324$ gr. à 0,800. Rép. 648 g. du 1ᵉʳ ling. et 324 g. du 2.

504. L'hectol. A. coûte 2945 : 128 = 23 fr. 47. Le marchand faisant un bénéfice de 14 p. 70, revend l'hectol. $12,92 \times \dfrac{114}{100} = 14$ fr. 72 et les 34 hectol. 14 fr. 72 × 34 = 500 fr. 48. La valeur de chaque billet est de 500,48 : 3 = 166 fr. 83. — Ces billets sont payables respectivement dans 72 j., 141 j. et 235 j. L'int. de 166 fr. 83 pour 72 j. est de $\dfrac{5 \times 166,83 \times 72}{36000} = 1$ fr. 75. — On trouverait que l'intérêt de 166 fr. 83 pour 141 jours est de 3 fr. 43 et que pour 235 jours il est de 5 fr. 72. Le premier billet est donc de 166,83 + 1,75 = 168 fr. 58 ; le 2ᵉ de 166,83 + 3 fr. 43 = 170 fr. 26 ; et le 3ᵉ de 166,83 + 5,72 = 172 fr. 55.

505. Quelle que soit la somme, 100 francs de cette somme en 1125 jours ont rapporté $\dfrac{100}{8} = 12$ fr. 50 ; en 1 jour 12,5 : 1125 et en 360 j. $\dfrac{12,50 \times 360}{1125} = 4$ fr. Rép. 4 fr.

506. La différence des prix des deux ballots est de 2476,47 − 2412,72 = 63 fr. 75, et il est évident que cette différence ne peut provenir que de la différence de longueur du calicot. Or le premier ballot contient 75,60 × 8 = 604 m. 80 et les 2 ont coûté 679,80, la différence entre les deux longueurs est donc de 679,80 − 604,80 = 75 mètres qui valent 63 fr. 75 ; 1 mètre coûte donc 63,75 : 75 = 0 fr. 85. — Le prix du calicot contenu dans le premier ballot est de 0,85 × 604,80 = 514 fr. 08 et le prix de la toile de 2412,72 − 514,08 = 1898 fr. 64. Comme le nombre de mètres de toile contenus dans ce ballot est de 58,60 × 12 = 703 m. 20, le prix du mètre est évidemment de 1898,64 : 703,20 = 2 fr. 70. Rép. Le mètre de toile coûte 2 fr. 70 et le mètre de calicot 0 fr. 85.

507. La coupe de bois a rapporté à ce marchand 30000 fr. + 5997 fr. 50 = 35997 fr. 50. Il revendait le bois 10 fr. 50 le stère, mais la main-d'œuvre lui coûtait 1 fr. 75 par stère ; il ne touchait donc par stère qu'une somme nette de 10,50 − 1,75 = 8 fr. 75. La coupe a par conséquent produit 35997,50 : 8,75 = 4114 stères. Rép. 4114 stères. —

508. $\dfrac{1}{5} + \dfrac{2}{7} = \dfrac{7}{35} + \dfrac{10}{35} = \dfrac{22}{35}$; $\dfrac{35}{35} - \dfrac{22}{35} = \dfrac{13}{35}$. —

5 kg. 5 d'argent valent 5500 × 5 = 1100 fr. —

$\frac{12}{55}$ de la somme primitive = 1100 francs

$\frac{1}{55}$ . . . . = 1100 : 13

$\frac{33}{55}$ . . . . . . = $\frac{1100 \times 33}{13}$ = 2961 f. 54

Rép. 1° 2461 f. 54 ; 2° 1861 fr. 58. —

La première dépense était de 2961,54 : 5 = 592 f. 31
et la deuxième dépense de 2961,54 × 3/7 = 1269 f. 27
La dépense totale est donc de . . . . 1861 f. 58

509. Pour fumer 4/3 d'hecta., il faut 200 kg. de sel et 24000 kg. de fumier

1/3 . . . . . $\frac{200}{4}$ . . . $\frac{2400}{4}$

3/3 ou 7/7 . . $\frac{200 \times 3}{4}$ . . $\frac{2400 \times 3}{4}$

1/7 . . $\frac{200 \times 3}{4 \times 7}$ . . $\frac{2400 \times 3}{4 \times 7}$

1 ha 5/7 ou 33/7 . $\frac{200 \times 3 \times 33}{4 \times 7}$. $\frac{2400 \times 3 \times 33}{4 \times 7}$ = 84857 kg. de fumier

22 kg. de fumier produisent 1 kg. 87 de froment — L'emploi du sel augmente le poids du froment
1 kg. . . . . . $\frac{1 kg 87}{22}$ — de 7212,84 × 1/50 = 144 gr. 25. — Le poids probable
84857 kg. . . $\frac{1 87 \times 84857}{22}$ = 7212 kg 84 — de la récolte sera de 7212,84 + 144, 25 = 7357 kg. 09

Rép. 1° 707 kg. 143 de sel et 84857 kg. de fumier ; 2° 7357 kg. 09 de froment. —

510. Poids des grains : 3 × 2/3 × 5000 = 10200 kilog., nombre d'hectolitres produits : 10200 : 75 = 136 hl.
Étendue des trois champs réunis : 136 : 12,5 = 10 ha 88 ares. La contenance du premier champ étant de
2 ha. 88 ares, celle des deux autres réunis sera de 10,88 − 2,88 = 8 ha. La surface des deux derniers
champs s'obtiendra en partageant 8 ha en parties proportionnelles aux nombres 9 et 7. On
trouve pour le deuxième champ, 4 ha 50, et pour le 3e 3 ha. 50 ares. — Rép. 2 ha. 88 ; 4 ha. 50 ; 3 ha. 50.

511. Le cube de bois a un côté et la surface d'une plaque est de 0,1 × 0,1 = 0,01 décm^2. La
surface à plaquer étant de 0,50 × 2 = 1 m^2 ou 100 décm^2, on devra évidemment former 100 plaques.
Chaque plaque devrait avoir 0,1 : 100 = 0,001 mm. d'épaisseur. Rép. 1° 0,001 mm. ; 2° 100 plaques.

512. 16 arpents de France valent 34,19 × 16 = 5 ha. 47 04
L'arpent en ares . . 34,19 . . = 5 ha. 06 538
L'ancienne delimiteo . = 5 ha. 53 878

Le spéculateur a dépensé pour l'amélioration diverses 380 × 5, 53 878 = 2104 fr. 75. — Après ces améliorations
et comme lui revient à . . . Il l'a revendu le $\frac{124}{100}$ de ce qu'il lui avait coûté ou
31979,93 × $\frac{123}{100}$ = 39335 fr. 06 — Le revenu augmenté pour par conséquent l'hectare 39335,06 : 5,53878 =
7101 fr. 75. Rép. 7101 fr. 75.

513. Ce marchand paie le litre de vin 0 f. 77 — Mais en ajoutant de l'eau, avec 11 litres il en fait 13.
Il paie par litre, pour droits d'octroi 0 f. 192 — Le litre lui revient alors à $\frac{0,962 \times 11}{13}$ = 0 f. 81. — S'il
Le litre lui revient à . . . 0 f. 962. revend 0 lit 72 . 0 fr. 95, il revend le litre 0,95 : 0,72 =
f. 32. Bénéfice par litre 1,32 − 0,81 = 0 f. 51. — Bénéfice pour % : $\frac{0,51 \times 100}{0,81}$ = 62 f. 09. Rép. 62 f. 09.

514. Les 18/25 d'un décalitre sont de 10 × 18/25 = 7 lit. 20 ou 7 décim³ 20. Le poids de l'argent pur
contenu dans la monnaie au titre de 9/10 est de 7,2 × 0,80 = 5 kg. 76. —
Le poids des 9/10 de l'argent reçu par la caisse du chemin de fer est de 5 kg. 76

9/10 . . . . 5,76 : 9
10/10 . . . . . . $\frac{5,76 \times 10}{9}$ = 6 kg. 4.

On a payé pour le transport de 180 animaux 6400 : 5 = 1280 francs. Pour 1 mouton on a payé
0,02 × 128 = 2 f. 56 et pour 1 bœuf 0,10 × 128 = 12 f. 80. Si l'on n'avait expédié que des bœufs on aurait payé
12,80 × 180 = 2304 francs au lieu de 1280 f ; il faut donc diminuer cette somme de 2304 − 1280 = 1024 francs.
Or pour chaque mouton qu'on expédiera au lieu d'un bœuf, on la diminuera de 12,80 − 2,50 = 10 f. 24.
On devra donc expédier 1024 : 10,24 = 100 moutons et 180 − 100 = 80 bœufs. Rép. 100 moutons et 80 bœufs.

515. L'intérêt de 100 f. pour 30 jours est de $\frac{4,75 \times 30}{360}$ = 0 f. 3958. 100 francs sont donc devenus au bout
de 30 jours 100 + 0,3958 = 100 f. 3958. —
1 f. 3958 viennent de 100 f. de capital — Le nombre de kilog. de groseilles et de cerises expédié
1 f. . . . . 100 : 100,3958 pendant le mois de Juillet est donc de 86500, 0 f. : 0,16 =
86842 f. 45 . . . $\frac{100 \times 86842,45}{100,3958}$ = 86500 fr. 0 f. 54062 f, 31 et en moyenne par jour il est de
54062,31 : 31 = 1743 9 kg. 52 Rép. 17439 kg. 52.

516. Cherchons combien chaque voiture aurait pu transporter à l'heure si les difficultés étaient
présentées par 1 ; nous trouvons que

le premier voiturier auraient pu transporter $\quad 240 \times 12 \times 2 = 5760$ kg. ;

le deuxième $\quad 80 \times 20 \times 3 = 4800$ kg. ;

le troisième $\quad 428 \times 13 \times 5 = 27820$ kg. ;

le quatrième $\quad 600 \times 5 \times 4 = 12000$ kg.

Total $\quad 50380$ kg.

Partageant ensuite $2832 - 100$ ou 2733 en parties proportionnelles aux nombres $5760, 4800, 27820$ et 12000, on trouve qu'il revient au premier voiturier

$$\frac{2733 \times 5760}{50380} = 312^f,14$$

au deuxième

$$\frac{2733 \times 4800}{50380} = 260^f,40 \left.\right\} \text{ ou } 360^f.40$$
$$+ 100^f$$

au troisième

$$\frac{2733 \times 27820}{50380} = 1509^f.235$$

et au quatrième

$$\frac{2733 \times 12000}{50380} = 651^f.$$

517. Le prix du minerai est de $\frac{16,75 \times 65000}{100} = 10887^f.30$ et le poids du cuivre contenu dans ce minerai de $65000 \times \frac{11}{100} = 7150$ kg. Le cuivre perdu dans l'opération étant de $7150 \times \frac{6}{1351} = 428$ kg.683, le cuivre obtenu n'est que de $7150 - 428,683 = 6721$ kg.317. — Les frais d'extraction s'élèvent à $\frac{65000 \times 5.85}{100} = 3802$ fr.50, le cuivre obtenu revient par conséquent à $10887.30 + 3802$ fr.50 $= 14690$ fr. et le quintal à $\frac{14690 \times 100}{6721,317} = 218$ f.57. — Le volume de ce cuivre est de $6721,317 : 8,8 = 763$ décim³.786 centim³.

Rép. 1° $218^f.57$; 2° 6721 kg.317 ; 3° 763 décim³.786 centim³.

518. La partie du méridien comprise entre les deux villes est de $48°17' - 41°53' = 47°77' - 41°53' = 6°24' = 384'$. En minutes, la valeur du méridien est de $60 \times 360 = 21600'$; donc

$$21600' = 40000000 \text{ de mètres}$$
$$1' = \frac{40000000}{21600}$$
$$384' = \frac{40000000 \times 384}{21600}$$

Le côté du carré ayant cette distance pour contour est de $= 177$ Km.777 ou 177 Km.77 et sa surface de $177,777 \times 177,777 = 31604,53$ ou obe.17 ares.

Rép. 1° 177 Km.777 ... ; 2° $31604,53$ ou.17 ares.

519. 2 kg.675 au titre de 1, ou contiennent d'argent pur, $2,675 \times 1 = 2$ kg.4075 ; au titre de $0,835$, ils n'en contiennent que $2,675 \times 0,835 = 2$ kg.233625. Il y a donc une différence de $2,4075 - 2,233625 = 0$ k.173875. Or, on sait (n° 127) que la valeur intrinsèque de 1 kg. d'argent pur est de $220^f.55$; par conséquent la valeur de 0 kg.173875 est de $220,55 \times 0,173875 = 38$ f.35. Rép. 38 fr.35.

520. 2 m³ des nouvelles pierres peuvent en remplacer 3 des anciennes

$$1 \text{ m}^3 \qquad \frac{3}{2}$$

Quand on dépense 24 f. et 1 ou 25 f. avec les nouvelles pierres, on dépensera $20 \times \frac{3}{2} = 30$ francs avec les anciennes. Le rapport entre les frais d'entretien dans le nouveau mode et dans l'ancien est de $\frac{25}{30} = \frac{5}{6}$.

521. On a retiré une première fois les $\frac{3}{4}$ de cette huile ; il en restait alors le $\frac{1}{4}$. On en a retiré une deuxième fois les $\frac{9}{19}$ de $\frac{1}{4}$ ou $\frac{1}{4} \times \frac{9}{19} = \frac{9}{76}$. — Il en restait en dernier lieu $\frac{1}{4} - \frac{9}{76} = \frac{19}{76} - \frac{9}{76} = \frac{10}{76}$ qui pèsent autant que 81 fr.90 en monnaie d'argent, c'est-à-dire $5 \times 81,90 = 409$ gr.50.

Les $\frac{10}{76}$ du poids de l'huile $= 409$ gr.50

$\frac{1}{76} \qquad = 409,50 : 10$

$\frac{76}{76} \qquad = \frac{409,50 \times 76}{10} = 3112$ gr.20

Le litre d'huile pesant 910 gr., le vase renferme 3112 gr.2 : $910 = 3$ lit.42 centil. — La capacité du vase est donc de 3 lit.$42 \times 2 = 6$ lit.84 cent.lit.

Rép. 6 lit.84 cent.litre. —

522. Rép. 0 fr.95 le mètre de calicot et 5 fr.40 le mètre de soie (voir n° 197)

523. Après l'achat de la maison il reste à cette personne les $\frac{5}{7}$ de sa fortune. La propriété est les $\frac{3}{7}$ de $\frac{5}{7}$ ou les $\frac{3}{7}$ de cette fortune ; il reste en dernier lieu $\frac{5}{7} - \frac{3}{7} = \frac{2}{7}$. De ces $\frac{2}{7}$ elle fait trois parts qui sont entre elles comme les nombres 1.3 et 4 ou comme les nombres $100, 300$ et 400.

100 f. à $4\frac{1}{2}$ pour % donnent d'intérêt $\quad 4^f.50$

300 f. à 5 p.% $\quad \frac{300 \times 5}{100} = 15$ f. $\left.\right\} 43$ f.50

400 f. à 6 p.% $\quad \frac{400 \times 6}{100} = 24$ f.

Le revenu des trois sommes placées est $4350 : 43.50$ ou 1000 fois plus fort que 43.50. — Les sommes placées à $4\frac{1}{2}$, à 5 et à 6 sont donc

$100 \times 100 = 10000$ fr.

$300 \times 100 = 30000$ fr. $\left.\right\}$ total $= 80000$ fr. —

$400 \times 100 = 40000$ fr.

D'après l'énoncé, les $\frac{2}{7}$ de la fortune totale $= 80000$ fr.

$\frac{1}{7} \qquad = 80000 : 2$

$\frac{7}{7} \qquad = \frac{80000 \times 7}{2} = 280000$ fr.

Le prix de la maison est de $280000 \times 2/7 = 80000$ fr. et le prix de la propriété de $280000 \times 3/7 = 120000$ fr.

Rép. 1° 280000 fr. ; 2° 80000 fr. ; 3° 120000 fr. 4° 10000 f., 30000 fr. et 60000 f.

524. La surface du champ est de $289 \times 192 = 55488$ m² ou 5 ha. 5488. — Ce champ a produit en blé $18 \times 5,5488 = 99$ q. 8784 ou $99,8784 : 75 = 133$ hl. 171 $= 13$ m³ 317.

La quantité de farine produite est de 9987 K. $84 \times \frac{82}{100} = \ldots$ 8190 kg. 0288

et le poids de l'eau ajoutée à cette farine de 8190 K. $,0288 \times \frac{53}{100} = 4340$ kg. 7152

Le poids de la pâte est par conséquent de $\ldots$ 12530 kg. 7440

La perte occasionnée par la cuisson étant de $12530,744 \times 2/13 = 1927,806$

le poids du pain est de $\ldots$ 10602 k. 938. — Un homme consomme par jour 1 kg 3 de pain, et en 25 jours il en consomme 1 K. $3 \times 25 = 32$ kg. 5. — En 25 jours on pourrait donc nourrir $10602,938 : 32,5 = 326$ hommes. R. 1° 13 m³ 317 ½ ; 2° 326 h.

526. 1° Hauteur du trapèze $h^2 = \overline{104,70}^2 - \left(\frac{309-215,80}{2}\right) = \overline{104,70}^2 - \overline{46,60}^2 = 8790,50$; d'où $h = \sqrt{8790,50} = 93$ m. 75. — Surface du terrain $\frac{309+215,80}{2} \times 93,75 = 2$ ha. 46 ares. —

2° 79 actions du chemin de fer d'Orléans au cours de 993 fr. valent $993 \times 79 = 78447$ fr. — 4270 fr. de rente 3 p. % au cours de 73 f. 60 valent $\frac{73,60 \times 4270}{?} = 104757$ fr. 33. Prix du terrain 78447 fr. $+ 104757$ f. 33 $= 183204$ fr. 33. — 3° 1 fr. au bout de 2 ans est devenu $\overline{1,05}^2 = 1$ fr. 1025. L'intérêt de 1 fr. 1025 pendant 9 mois $\frac{5 \times 1,1025 \times 9}{100 \times 12} = 0$ fr. 04134. 1 fr. au bout de 2 ans 9 mois est devenu $1,1025 + 0,04134 = 1$ fr. 14384. —

1 fr. 14384 venant de 1 fr.

1 fr. $\ldots$ $1 : 1,14384$

149889 fr. $\ldots$ $\frac{1 \times 149889}{1,14384} = 131040$ fr. 18

D'après l'énoncé 131040 f. 18 ne représentent que les 3/5 du prix de vente. — Ce prix de vente est donc de $131040 \times 5/3 = 218400$ fr. 30. —

4° Ce spéculateur a réalisé un bénéfice total de 218400 f. $30 - 183204$ fr. $33 = 35195$ fr. 97 et un bénéfice par hectare de $35195,97 : 2,46 = 14307$ fr. 33. —

5° Le bénéfice p. % est de $\frac{35195,97 \times 100}{183204,33} = 19$ fr. 22. Rép. 1° 2 ha. 46 ; 2° 183204 fr. 33 ; 3° 218400 f. 30 ; 4° 14307 fr. 33 ; 5° 19 fr. 22.

525. $3/4 + 5/7 = \frac{21}{28} + \frac{20}{28} = \frac{41}{28}$. — Représentons ce nombre par $\frac{28}{28}$, son double sera $\frac{56}{28}$ et on aura $\frac{56}{28}$ de ce nombre $- 7875 = \frac{41}{28}$ de ce même nombre. D'où

$\frac{56}{28} - \frac{41}{28}$ ou $\frac{15}{28}$ de ce nombre $= 7875$

$\frac{1}{28} \ldots \ldots = 7875 : 15$

$\frac{28}{28} \ldots \ldots = \frac{7875 \times 28}{15} = 14700$. Rép. 14700. —

527. La récolte est de $(36 \times 12) + 8 = 440$ gerbes.

12 gerbes produisent 1 double décalitre 3 décilitres ou 24 lt. 3 décil. de blé
1 gerbe $\ldots$ $24. 3 : 12$
440 gerbes $\ldots$ $\frac{24.3 \times 440}{12} = 891$ lt. de blé

7 doubl. décal. ou 140 lt. valent 25 f. 40
1 lt. vaut $\frac{25 f. 40}{140}$
891 lt. valent $\frac{25,40 \times 891}{140} = 161$ fr. 65. — Le poids de la paille produite par 12 gerbes est de $5,5 \times 6 = 33$ kg. et celui de la paille produite par 440 gerbes de $\frac{33 \times 440}{12} = 1210$ kg. — 1210 kg. de paille à raison de 3 fr. 70 le quintal métrique valent $3,70 \times 1210 = 44$ fr. 77. La valeur de la récolte est donc de $161,65 + 44,77 = 206$ fr. 42, et le produit moyen par are de $206,42 : 38,09 = 5$ fr. 42. R. 1° 206 f. 42 ; 2° 5 f. 42.

528. Les frais de torréfaction pour 1 kg. de café vert sont de $2,50 \times 5/100 = 0$ fr. 12½. Comme 1 kg. de café vert perd 1/10 de son poids par la torréfaction, il en résulte que 2 fr. 50 $+ 0$ fr. 12½ $= 2$ fr. 62½ sont le prix de 9 kg. de café torréfié. Le kg. de café torréfié revient donc à $\frac{2,62½ \times 10}{9} = 2$ fr. 916 à 1 millième près. Pour gagner 20 p. % sur ses déboursés, il faut que

ce qui lui a coûté 100 fr. soit revendu 120 fr.

1 fr. $\ldots$ $120 : 100$

2 fr. 916 $\ldots$ $\frac{120 \times 2,916}{100} = 3$ fr. 50

Pour 3 fr. 50 on a 1 kg.

1 fr. $\ldots$ $1 : 3,50$

8 fr. 40 $\ldots$ $\frac{1 \times 8,40}{3,50} = 2$ kg. 4 kg.

Les différents poids réels qui devront servir à faire la pesée sont : 1 poids de 2 kg. et 2 poids de 2 kg. — Pour 0 f. 60, on aurait $\frac{1 \times 0,60}{3,50} = 0$ kg. 171 à moins de 1 millième. —

Rép. 1° 3 f. 50 ; 2° 2 kg. 4 hg. ; 3° 1 poids de 2 kg. et 2 poids de 2 hectog. 4° 0 kg. 171.

529. Le poids de 856 dollars est de 26 g. 729 × 856 = 22880 gr. 024, et ils contiennent en argent 22880,024 × 0,9 = 20592 g. 0216. Le thaler contient en argent 22,273 × 0,75 = 16 gr. 70473. Le changeur devra donc donner 20592,0216 : 16,70473 = 1232 thal. 14 gros ; et en tenant compte de sa commission à 6 p % , $\frac{94 \times 1232.14}{100}$ = 1158 tha. 14 gr. R. 1° 1232 tha. 14 g. 2° 1232 t. 14 g.

53 2 km. ¼ = 2250 mètres. La longueur de chaque ligne d'arbres est de 2 km. ¼ ou de 2250 mètres, et le nombre d'arbres pour les deux lignes de $\frac{2250}{18} × 2$ = 250 dont la dépense est de 2,76 × 250 = 690 f. — Au bout de 3 ans, cette somme réunie à ses intérêts composés est de 690 × 2 = 1380 f. — A cette époque.

250 × ⅗ ou 150 arbres valent . . 20 × 150 = . . . 3000 fr.

34 arbres morts }

250 − 150 + 34 } ou 134 arbres valent 20 × ½ × 66 = 924 } Total = 3924 francs.

[...] . Il peut être en longueur . . . . $\frac{2544}{0,75}$ = 3392 m² ou 33 a. 92.

[...] 35 [...]

531. [...] = 15, 2 % , 45 . Par conséquent, si le premier capital était 35 f. , le second [...] 58 francs . Le premier capital rapporte dans cette hypothèse [...] $\frac{44 × 44 × 6 ''}{100}$ = 11 f. 40

et le second [...] $\frac{28 × 3 ; ½}{15}$ = 7 f. 83

[...] de [...] 7 f. 57 ; un taux de 1071 fr. = $\frac{1071}{3,57}$ = 300 .

[...] des valeurs hypothétiques 44 f. et 58 f.

[...]

532. [...] . . . . total 994 f.

[...] $\frac{3 × 35}{100}$ . . . . 100 f [...] } 994 f.

La culture d'avoine est la plus avantageuse . . .

533. Les frais de [...] s'élèvent à 78,45 × 2,32 = 182 f. 70. Après les frais payés il lui reste une somme égale au [...] et son loyer c'est-à-dire à 2125 × $\frac{120}{100}$ = 2550 fr. — Les 8 hectares ont donc rapporté 2125 + 182,70 + 2550 = 5379 f. 70, et l'hectare 5379,70 : 8,32 = 640 f. 35. — 3700 kg. de paille équivalent à [...] — La récolte par hectare équivaut donc à 26 + 3.70 = 29 hl. 70 de blé. Le prix de l'hectolitre de blé [...] de 1000 kg. de paille est donc de 640,348 : 29,70 = 21 f. 50. *Rép.* 21 f. 50.

534. Le premier capital placé à 5 ¼ pour % a rapporté 6378 fr. 75 ; cherchons ce que ce capital aurait rapporté s'il avait été placé comme le second à 6 ½ p % . Pour cela déterminons d'abord le capital qui placé à 5 ¼ p % aurait rapporté 6378 f. 75 .

$\frac{21}{4}$ f. viennent de 100 fr.

¼ f. . . . $\frac{100}{21}$

$\frac{13}{2}$ ou 6 ½ f. . $\frac{100 × 4}{21}$

6378 f. 75 . . . 100 × 4 × 6378,75 = 6378,75 × $\frac{400}{21}$

Le second 11346 f. 25 }

Le premier 7897 f. 50 } différence = 3948 f. 75 .

Si la diff.ce des capitaux était 3948 f. 75, le 2ème capital serait 7897 f. 50

$\frac{7897,50}{3948,75}$ = 2 f.

Si la diff.ce des capitaux était 3948 f. 75, le 2e capital serait 11846 fr. 25

$\frac{11846,25}{3948,75}$ = 3 f.

L'intérêt du capital exprimé par 6378,75 × $\frac{400}{21}$ est de

$\frac{13}{2 × 100}$ × 6378,75 × $\frac{400}{21}$ = 6378,75 × $\frac{4}{21}$ × $\frac{13}{2}$ = 7897 f. 50

Ainsi les deux capitaux placés pendant le même temps et au même taux, auraient rapporté

Les deux capitaux sont entre eux dans le même rapport que celui de leurs intérêts. — Donc

La différence des capitaux étant 8100 f., le premier capital est 2 × 8100 = 16200 francs et le 2e [...]

$3 \times 8100 = 24300$ francs. — L'intérêt pour un an du premier capital est de $\frac{5,25 \times 16200}{100} = 850$ fr.50 et le temps que mettrait ce capital pour rapporter 850 fr.50 de $\frac{1 \times 6373,75}{850,50} = 7$ ans ½. — L'intérêt pour 1 an du 2ème capital est de $\frac{6,50 \times 24300}{100} = 1579$ fr.50 et le temps que mettrait ce capital pour rapporter 1579 fr. 50 est de $\frac{1 \times 4846,25}{1579,50} = 7$ a.½, ce qu'exige l'énoncé du problème. — Le nombre de mètres de la première toile est de $108 \times 60 = 6480$ mètres et celui de la 2e toile de $108 \times 75 = 8100$ mètres. — Le prix de la toile achetée avec le premier capital est de $16200 : 6480 = 2$ fr.50 et le prix du mètre de la toile achetée avec le 2e capital de $24300 : 8100 = 3$ fr.

Rép. 1° 16200 fr. et 24300 fr. ; 2° 7 ans ½ ; 3° 2,50 et 3 fr.50. —

535. Représentons par 100 fr. la valeur nominale de chaque billet, la valeur actuelle du premier billet serait de 100 fr $- 4,75 \times 3/12 = 98$ fr 81 ; celle du deuxième de 100 fr. $- (4,75 \times 5/12) = 98$ fr.02 et celle du 3e de $100 - (4,75 \times \frac{10}{12}) = 96$ fr,04. — 300 fr de valeur [illegible] correspondent donc à une valeur actuelle de $98,81 + 98,02 + 96,04 = 292$ fr,87 et [illegible] 292,87 de valeur actuelle corresp. à 300 fr de valeur nominale. —

292 fr.87 de valeur actuelle corresp. à 300 fr de valeur nominale.

$$\frac{300 \times 6548}{292,87} = [illegible]$$

chaque billet sera donc de $6707,18 : 3 = 2235$ fr 72. Rép. 2235 fr.72. —

536. Rép. 4185 fr en or ; 210 fr en argent et 13 fr,50 en bronze. — (voir n° 130)

537. Le marchand vend à chaque édition $3000 - 156 = 2844$ exemplaires, il donne à l'auteur pour la première édition $1,20 \times 2844 = 3412$ fr.80. Cette édition lui revient donc à $23542 + 3412,80 = 26954$ fr.80 il la vend $7,35 \times 2844 = 20903$ fr,40. — L'éditeur perd donc sur la première édition $26954,80 - 20903,40 = 6051$ fr,40. Il donne à l'auteur pour chacune des autres éditions $2,55 \times 2844 = 7252$ fr.20. Chacune de ces éditions lui revient par conséquent à $12650 + 7252,20 = 19902,20$. Comme il la revend 20903 fr.40 il gagne sur une édition $20903,40 - 19902,20 = 1001$ fr,20. Pour que l'éditeur rentre dans ses débours, il faudrait qu'il vende $\frac{2844 \times 6051,40}{1001,20} = 17189$ exemp. $\frac{1387}{2503}$ ou plutôt 17190 exemplaires, plus les 2844 de la 1re édition ou $17190 + 2844 = 20034$ exemplaires. Pour que l'éditeur gagne 2000 fr, il faudra qu'il gagne après l. 1re édition $2000 + 6051,40 = 14051$ fr.40 [illegible]

[illegible — several faded lines]

538. Le premier passant à midi la montre est en avance de 1h 25m 15s ; le 28 janvier à 7h.17m 44s de l'après midi, elle est en avance de $9h 17m.36 s - 7h 17m 44 s = 1h 59m 52 s$. Du premier janvier à midi au 28 janvier à 7h 17m 44s de l'après midi, il y a 27 j 7h.17m 44s ou 2359064s. Le jour contient $24 \times 60 \times 60 = 86400$ s. —

En 2359064 s, l'avance est de 2077 s.

$$2077 : 2359064$$
$$86400 \text{ s ou en 1 jour} \quad \frac{2077 \times 86400}{2359064} = 76 \text{ secondes}$$

Rép. 76 secondes à [illegible].

540. Le train express met pour arriver à Douai $11h.5m - 7h 5m = 4h 51m$. Par conséquent il fait en 1 heure $218 : 4\frac{51}{60} = 218 : \frac{291}{60} = 44$ km 948 m. — Le 2e train part $12h - 10h.5m = 1h.55m$ avant-midi ; il met donc pour arriver à Paris $1h 55m + 4h 30m = 6h 25m$. Il fait en 1 heure $218 : 6\frac{25}{60} = 218 : \frac{385}{60} = 33$ km 974 m. Quand le 2e train part le premier a déjà marché pendant $10h 5m - 7h.5m = 3h$. Pendant ce temps, il a parcouru 44 km $948 \times 3 = 134$ km 844 m. Il reste donc à parcourir par les deux trains pour se rencontrer $218 - 134,844 = 83$ km 156. — Les deux trains font en 1 heure 44 km $974 + 33$ km $974 = 78$ km 922. — Il leur faudra pour se rencontrer $83,156 : 78,422 = 1h 3m = 1h \frac{1}{20}$. Il sera alors $10h.5m + 1h 3m = 11h. 8m$. — Pendant ce temps le deuxième train aura fait 33 km $974 \times 1\frac{1}{20} = 35$ km 672 m. Rép. 1° 11h. 8m ; 2° 35 km. 672 m.

541. Supposons cette somme de 100 fr. placée chez le banquier, elle porterait intérêt pendant 19 jours et cet intérêt serait de $\frac{4,75 \times 19}{360} = [illegible]$ fr 25. [illegible] le banquier prendrait [illegible]. Il y aurait donc avantage à garder son argent dans sa caisse. —

542. 1 myriare $24h. 47m. = 14$ hectares 7 [illegible]. La superficie de cette terre est donc de $12 \times 15 + 140,75 = 4580$ hect. 54 [illegible]. — Les frais de défrichement, le rise en état de culture, et [illegible]

seront élevés à $291.50 \times 14580,56 = 425023.97$

Le prix d'achat est de . . . 1578600

    Dépense totale 5828233 fr. 97

On a reçu sur ce capital, 5 p % d'int. plus $3\frac{1}{4}$ pour % de dividende, autant $8\frac{1}{4}$ p %, c'est-à-dire $5828233.97 \times \frac{8.25}{100} =$

480878 fr. 80. Le produit net par hectare a donc été de $480878,80 : 14580,56 = 323,98$

Les frais de culture ayant été de . . . 231 fr.

Le produit brut est de . . . 263 fr. 98.

Rép. 263 fr. 98.

543. Supposons que l'avoir de ce particulier soit de 700 fr.; il aurait alors 200 fr. placés à 3 p % et 500 fr. placés à $4\frac{1}{2}$ p %. — 200 francs placés à 3 p %, au cours de 72 francs rapportent $\frac{3 \times 200}{72} =$ 8 fr. 33

200 francs placés à 3 p % au cours de 72 rapportent $\frac{4.50 \times 500}{104} = 21$ fr. 63

    Différence 13 fr. 30

Quand la différence des intérêts est 13 fr. 30, l'avoir est 700 fr.

    1 fr. $700 : 13,30$

    415 fr. $\frac{700 \times 415}{13,30} = 21840$ fr.

La somme placée à 3 p % est de $21840 \times \frac{2}{7} = 6240$ fr.

et la somme placée à $4\frac{1}{2}$ p % de $21840 \times \frac{5}{7} = 15600$ fr.

La 1re somme a rapporté $\frac{6240 \times 3}{72} = 260$ fr.

et la 2me $\frac{15600 \times 4.50}{104} = 675$ fr. } total $= 935$ fr.

Rép. 1° 21840 fr.; 2° 935 fr.

544. Le drainage des 3 ha. 55 exige $730 \times 3,55 = 2662$ m. 50 de tranchée et $2662,50 : 0,30 = 8875$ tuyaux. Ces tuyaux lui coûteront $\frac{22 \times 8875}{100} = 1952$ fr. 25. — La dépense totale sera donc

1° Ouverture des tranchées $0.17 \times 2662,50$ $= 452$ fr. 625

2° Achat des tuyaux $= 195$ fr. 25

3° Frais de pose $0,04 \times 2662,50$ $= 106$ fr. 50 } total $= 1011$ fr. 75

4° Remplissage des tranchées $= 79$ fr. 875

5° Frais de nivellement $= 177$ fr. 50

(Réponse. 1011 fr. 75.

545. Déterminons le plus grand côté de ce champ.

Les $\frac{9}{5}$ de ce côté $= 216$ m.

$\frac{1}{5}$ . . . $= 216 : 9$

$\frac{5}{5}$ . . . $= \frac{216 \times 5}{9} = 120$ mètres

Le plus petit côté est $216 - 120 = 96$ m. — La surface du champ est par conséquent de $120 \times 96 = 1152$ m² ou 1 ha. 152 et les $\frac{2}{3}$ de cette surface de 1 h 152 $\times \frac{2}{3} = 0$ ha. 768 qui ont produit 4352 k. de fécule. — Or 0 Hg. 965 de fécule proviennent de 5 Hg. de p. de terre

    1 Hg. . . . . $5 : 0,965$

    4352 Hg. . . . $\frac{5 \times 4352}{0,965} = 22559$ Hg. 58

0 ha. 768 ont rapporté, en pommes de terre, $\frac{22559.58}{62} = 363$ hl. 86; l'hectare a donc rapporté $363,86 : 0,768 = 473$ hl 77. Rép. 473 hl. 77.

546. Le poids d'un mètre cube ou d'un stère de bois est de $1000 \times 0,78 = 780$ kg et le poids de 17 st. 75, de $780 \times 17,75 = 13845$ kg. ou 138 q. 45. — Ces 138 q. 45 valent $0,89 \times 138,45 = 123$ fr. 22. Les $\frac{2}{7}$ du produit de la forêt ayant été vendus 9845 francs, le produit total aurait été vendu $\frac{9845 \times 7}{2} = 34457$ fr. 50. — La surface de la forêt est donc $\frac{51 \times 34457,50}{123,22} = 142$ ha. 61 a. 74 centia. Rép. 142 ha. 61 a. 74 centia.

547. 223 ares $= 2$ ha. 23. Le prix d'acquisition est de 3060 fr. $\times 2,23 = 6823$ fr. 80. Ce prix augmenté des dépenses accessoires étant de 7963 fr. 59, les dépenses accessoires sont de $7963,59 - 6823,80 = 1139$ fr. 79. — Pour 6823 fr. 80 les dépenses accessoires sont de 1139 fr. 79

    — 1 fr. $1139,79 : 6823,80$

    — 100 fr. $\frac{1139,79 \times 100}{6823,80} = 16$ fr. 70

Le revenu net a été de $1187,38 - 603,35 = 584$ f. 03.

Sur 7963 f. 59, il y a 584 f. 03 de revenu net.

$$1 \text{ f.} \quad\cdots\quad \frac{584.03}{7963.59}$$
$$100 \text{ f.} \quad\cdots\quad \frac{584.03 \times 100}{7963.59} = 7 \text{ f. } 33$$

Rép. 1° 16 f. 70 p % ; 2° 7 f. 33 p %.

548. Pour avoir 65 f. de rente, elle a déboursé $\frac{69.50 \times 65}{3} = 1505$ f. 833. — Les frais de courtage sont de $\frac{1505.833}{100} = 1$ f. 882. La surface du terrain est de $26,4 \times 26,4 = 696$ m² 16 ou 6 ares 9616 et le prix m² de $115 \times 6,9616 = 741$ f. 93. Les $\frac{2}{11}$ du revenu de cette personne sont donc de $1505,833 + 1$ f. $882 + 0,50 + 741$ f. $93 = 2250$ f. 15 et le revenu de $\frac{2250.15 \times 11}{2} = 12375$ f. 825. — Si elle avait placé tout son argent à 5 1/4, elle aurait eu un revenu de $\frac{5\frac{1}{4} \times 250000}{100} = 13125$ fr. qui surpasse le sien de $13125 - 12375,825 = 749$ f. 175. Or 100 francs placés à 4 1/2, au lieu de 100 f. à 5 1/4, diminuent le revenu de 0 f. 75. — Par conséquent, autant de fois 0 f. 75 sont contenus dans 749 f. 175, autant elle a placé de centaines de francs à 4 1/2 : $749.175 : 0,75 = 998$ centaines 90. — Elle a donc placé 99890 fr. à 4 1/2 p % et $250000 - 99890 = 150110$ f. à 5 1/4 p %. *Rép.* 99890 fr. à 4 1/2 p % et 150110 f. à 5 1/4 p %. —

549. Du 8 octobre au 12 janvier il y a 96 jours. Avant son perfectionnement, la machine consommait chaque jour $840000 : 96 = 8750$ kg. de charbon. L'économie journalière qui résulte du perfectionnement est donc de 8750 kg $- 3260$ k. $= 5500$ kg ou 55 quintaux. Or le quintal de charbon revient à 1 f. $55 + 0,80 \times 0,30 = 2$ f, 24. L'économie journalière réalisée est donc de 2 f. $214 \times 55 = 121$ f. 77. *Rép.* 121 f. 77.

550. Chaque trimestre est de $900 : 4 = 225$ fr. — 1re hypothèse : le locataire paye le tout au commencement de l'année. — Il aura évidemment à prélever :

1° L'intérêt de 225 fr. pendant 3 mois, ou $\frac{6 \times 225 \times 3}{1200} = 3$ f. 375

2° L'intérêt de 225 fr. pendant 6 mois, ou $3,375 \times 2 = 6$ f. 750

3° L'intérêt de 225 fr. pendant 9 mois, ou $3,375 \times 3 = 10$ f. 125

4° L'intérêt de 225 fr. pendant 12 mois, ou $3,375 \times 4 = 13$ f. 500

$$\text{Somme à prélever} \quad\cdots\quad 33 \text{ f. } 750$$
$$\text{Loyer} \quad\cdots\quad 900 \text{ f.}$$

Le locataire devrait payer comptant . . . 866 f. 25.

2e Hypothèse. Le locataire paye le tout à la fin de l'année. Il devra dans ce cas payer en plus :

1° L'intérêt de 225 fr. pendant 9 mois, ou $\frac{6 \times 225 \times 9}{1200} = 10$ f. 125

2° L'intérêt de 225 fr. pendant 6 mois, ou $\frac{6 \times 225 \times 6}{1200} = 6$ f. 750

3° L'intérêt de 225 fr. pendant 3 mois, ou $\frac{6 \times 225 \times 3}{1200} = 3$ f. 375

$$\text{Total} \quad 20 \text{ f. } 250$$
$$\text{Loyer} \quad 900 \text{ f.}$$

Somme à payer à la fin de l'année 920 f. 250

3e Hypothèse. Le locataire paye dans le courant de l'année en donnant 900 fr. juste. Nous venons de voir qu'en payant au commencement de l'année, il prélèverait 33 fr. 75. La date du jour de l'année est le temps qu'il faut à 900 fr. pour rapporter 33 fr. 75, c'est-à-dire $\frac{1200 \times 33,75}{6 \times 900} = 7$ mois 1/2. —

551. 1er marchand. Prix marqué : $\frac{1240 \times 100}{80} = 1550$ francs ; bénéfice : 1550 f $- 1240$ f $= 310$ fr. ; 1/2 du bénéfice : $310 : 2 = 155$ fr. — Il achète de nouvelles marchandises aux mêmes conditions et ils les paient $1240 + \frac{310}{2} = 1395$ fr. Prix marqué : $\frac{1395 \times 100}{80} = 1743$ f. 75 ; bénéfice, en revendant au prix marqué : 1743 f. $75 - 1395$ f $= 348$ f. 75. —

2e Marchand. — Il achète aux mêmes conditions et pour la même somme que le premier, c'est-à-dire pour 1240 fr. des marchandises dont le prix marqué est 1550 fr. Il fait à sa clientèle une remise de 5 p % de ce prix marqué ; son prix de vente est donc de $\frac{1550 \times 95}{100} = 1472$ f. 50. — Son premier bénéfice est de $1472,50 - 1240 = 232$ f. 50. Il rachète des marchandises pour lesquelles il paye $1240 + \frac{232,50}{2} = 1356$ f. 25 ; il s'est réservé de son premier bénéfice $232,50 : 2 = 116$ f. 25. — Prix marqué des marchandises du 2me achat $\frac{1356,25 \times 100}{80} = 1695$ f. 30. Prix de vente : $\frac{1695,30 \times 95}{100} = 1610$ f. 54.

2ᵉ bénéfice : 1610f,54 − 1356f,24 = 254f,30 − Il s'est réservé de ce bénéfice 254,30 : 2 = 127f,15, il rachète des marchandises pour lesquelles il paie 1356f,24 + 127,15 = 1483f,40. Prix marqué des marchandises de ce troisième achat : $\frac{1483,40 \times 100}{80}$ = 1854f,25. Prix de revente : $\frac{1854,25 \times 95}{100}$ = 1761f,40. 3ᵉ et dernier bénéfice : 1761,54 − 1483,40 = 278f,14. Bénéfice total du 2ᵐᵉ marchand : 116,24 + 127,15 + 278,44 + (1483,40 − 1240) = 764f,94. − Le 2ᵉ marchand a gagné de plus que le premier, 764,94 − 658,75 = 106f,19. (Réponse. 106 fr. 19.

552. Si cette famille montait en première classe, elle paierait pour le prix des places 0,35 × 218 = 76f,30. Comme elle n'a droit qu'à 105 kilos de bagages et qu'elle en a 177, elle devrait payer en plus $\frac{0,35 \times 72 \times 218}{100}$ = 3f,06. Pour les places et les bagages, elle paierait donc 76,30 + 6,06 = 81f,96. Le prix étant augmenté de $\frac{1}{10}$ que prélève l'État, la somme totale à débourser serait donc de 81,96 + 8,195 = 90f,14, résultat qui prouve que la famille ne peut pas aller en première classe.

2°. Si elle montait en 2ᵉ classe, elle paierait pour le prix des places 0,2695 × 218 = 57f,225 et pour les bagages 5f,06 ; elle paierait donc en tout 57,225 + 5,06 = 62f,375. Le $\frac{1}{10}$ de 62f,375 = 6f,2875. Le prix du voyage en 2ᵉ classe serait de 62,375 + 6,2875 = 69f,1625. La famille pourrait par conséquent aller en 2ᵉ classe et il lui resterait 80 − 69,1625 = 10f,84. − Il est évident qu'elle pourrait aller en 3ᵉ classe et qu'elle ferait une plus grande économie.

553. La différence entre les deux produits est de 140 − 112 = 28. Or quand on diminue le multiplicande de 4, le produit est diminué de 4 fois le multiplicateur. Donc

4 fois le multiplicateur = 28   Le multiplicande est évidemment 140 : 7 = 20. Rép. 7 et 20.

1 fois le multiplicateur = 28 : 4 = 7.

554. Le rabais consenti par les trois entrepreneurs est de $\frac{36000 \times 11}{100}$ = 3960. Après l'exécution des travaux, le bénéfice étant 2820 francs, les dépenses ne se sont élevées qu'à 36000 fr. − (3960 − 2820) = 29220 fr. Sur cette dépense les deux premiers associés ont versé 29220 − 7800 = 21420 fr. Le premier ayant versé les $\frac{3}{5}$ de ce qu'a versé le deuxième il en résulte que $\frac{3}{5} + \frac{5}{5}$ ou

$$\frac{8}{5} \text{ de ce qu'a versé le deuxième} = 21420 \text{ francs}$$
$$= 21420 : 8$$
$$= \frac{21420 \times 5}{8} = 13387 \text{ fr. } 50.$$

Le premier a par conséquent versé 21420f − 13387f,50 = 8032 fr. 50. − On obtiendra la part du bénéfice attribuée à chaque entrepreneur en partageant 2820 fr en parties proportionnelles aux nombres 8032,50, 13387,50 et 7800. On trouvera 775f,21 pour le premier associé, 1292f,01 pour le deuxième et 752 pour le troisième. Rép. 1° Le premier associé a versé 8032f,50 et le second 13387fr,50 ; 2° La part du premier dans les bénéfices est de 775f. 21 ; celle du 2ᵉ de 1292 fr. 01 et celle du 3ᵐᵉ de 752 fr. 78. −

555. Soit N le carré du nombre impair 2a+1. on a $N = (2a+1)^2 = 4a^2 + 4a + 1 = 4a(a+1) + 1$. Or il est évident que l'un des nombres a et a+1 est pair et que par suite a(a+1) est divisible par 2, 4a(a+1) est donc divisible par 8 ainsi que N−1. Donc . . .

556. 12 pièces de 0 f. 10 pèsent . . 10g × 12 = 120 gr.   Sur 100 parties, la monnaie de cuivre

4 pièces de 5 fr. en argent pèsent 25g × 4 = 100 gr.   en renferme 95 de cuivre, 4 d'étain

8 pièces d'or de 100 fr pèsent 32g,258 × 8 = 258 gr. 064⁵   et 1 de zinc ; la monnaie de billon

Poids total de l'alliage fondu . . . 478 gr. 064⁵   ainsi dans le creuset renferme donc

120 gr × 0,95 = 114 gr. de cuivre ,   Dans les 100 gr. de monnaie d'argent il y a 100 × 0,9 = 90 gr.

120 g. × 0,04 = 4 gr. 8 d'étain   d'argent pur et 10 gr. de cuivre.

et 120 gr × 0,01 = 1 gr. 20 de zinc   Dans les 258 gr. 064⁵ de monnaie d'or, il y a 258,064⁵ × 0,9 =

223 gr. 2581 d'or pur et 25 gr. 806⁵ de cuivre. − L'alliage renferme donc :

1° en cuivre 114 gr. + 10 gr. + 25 gr. 806 = 149 gr. 8064
2° en étain . . . . = 4 gr. 8
3° en zinc . . . . = 1 gr. 2 } Poids total = 478 gr. 0645
4° en argent . . . . = 90 gr.
5° en or . . . . = 232 gr. 2581

Donc, sur 478 parties 0645, il y a 232,2581 d'or
— 1 . . . . $\frac{232,2581}{478,0645}$
— 1000 . . . . . $\frac{232,2581 \times 1000}{478,0645}$ = 485 p. 83

Argent = $\frac{90 \times 1000}{478,0645}$ = 188 p. 25
Cuivre = $\frac{149,8064 \times 1000}{478,0645}$ = 313 p. 36
Étain = $\frac{4,8 \times 1000}{478,0645}$ = 10 p. 04
Zinc = $\frac{1,2 \times 1000}{478,0645}$ = 2 p. 51

Par un raisonnement analogue on trouverait 2° Le poids de l'alliage est de 478 gr. 0645. Le volume de l'eau qui occuperait la même place que cet alliage est de 478 centim³ 0645 ou 478064 millim³, en représentant la surface de la base en millim², on aura h = $\frac{478064}{10000}$ = 47 millim. 8. — 3° L'alliage contient 149 gr. 3064 de cuivre. Or 1 gramme de monnaie de cuivre vaut 0 fr. 10 et contient 0 gr. 95 de cuivre, on pourra donc faire 149,806 : 0,95 = 157 centimes ou 1 fr. 57 centimes.

Rép. 1° 485 parties 83 d'or, 188 p. 25 d'argent, 313 p. 36 de cuivre, 10 p. 04 d'étain et 2 p. 51 de zinc; 2° 47 mm. 8; 3° 1 fr. 57 cent.

557. Soit x ce nombre. — On a l'équation $x^2 = 2x$, d'où x = 2. Rép. 2 —

558. Le prix d'achat des 13 stères ⅔ de bois est de $\frac{100 \times 5,40 \times 12}{5 \times 6}$ = 216 fr. 1 stère vaut 1000000 de centim³; 13 stères ⅔ valent, par conséquent, en centim³ cubes 1000000 × 12 ⅔. — Or 1 centim³ cube de bois pesant 81 centigrammes, 13 stères ⅔, pèsent, en centigrammes, 81 × 1000000 × 12 ⅔ = 81 × 1000000 × $\frac{41}{3}$ = 1107000000; en quintaux, 110 q. 70, en tonnes métriques, 11 t. 070. — Le prix de vente du bois est de 2,25 × 110,70 = 249 fr. 075. — Le marchand a donc gagné en tout 249,075 − 216 = 33 fr. 075; pour % $\frac{33,075 \times 100}{215}$ = 15 fr. 31; par stère, $\frac{33,075}{13 ⅔}$ = 2 fr. 42; et par tonne métrique 33,075 : 11,070 = 2 fr. 99 à 1 centime près par excès. —

Rép. 1° 15 fr. 31; 2° 2 fr. 42; 3° 2 fr. 99. —

559. — Le double de ce nombre = $\frac{6}{3}$. $\frac{6}{3} + \frac{1}{3} = \frac{7}{3}$. Or d'après l'énoncé les ⅞ de ce nombre diminués du ⅓ de ce même nombre = 15 ⅓. Les fractions ⅞ et ⅓ réduites au même dénominateur donnent $\frac{49}{21}$ et $\frac{3}{21}$. On a donc $\frac{49}{21} - \frac{3}{21}$ ou les $\frac{46}{21}$ du nombre cherché qui = 15 ⅓
$$= 15 ⅓ : \frac{46}{21} = \frac{15 ⅓ \times 21}{46} = 7. \quad Rép. 7.$$

560. La bouteille vide coûte 16,25 : 100 = 0,1625 et le bouchon 1,55 : 100 = 0 fr. 0155. — L'huile contenue dans une bouteille coûte donc 2 fr. 50 − (0,1625 + 0,0155) = 2 fr. 322. — Le marchand ayant fait un bénéfice de 26 fr. 43, le prix de vente de l'huile contenue dans le tonneau est de 140,75 + 26,43 = 167 fr. 18. Le prix de l'huile contenue dans une bouteille étant de 2 fr. 322, le tonneau en contient 167,18 : 2,322 = 72. La bouteille étant de 0 lit. 75, la contenance en litres du tonneau est de 0 lit. 75 × 72 = 54 litres. —

Rép. 54 litres. —

561. Le poids du cuivre contenu dans 24 pièces de 5 francs en argent est de $\frac{25 \times 24}{10}$ = 60 grammes. En représentant par d la densité de l'alcool, le volume demandé sera $\frac{60}{d}$. —

562. Une pièce de 20 fr. a 0 m, 021 de diamètre; son épaisseur est de 0 m, 001375. On demande: 1° Quelle longueur en kilom. occuperait une somme de 5 milliards en pièces de 20 francs disposées en lignes droites et se touchant; 2° La hauteur de la colonne obtenue en empilant toutes ces pièces les unes sur les autres; 3° La surface en hectares, ares et centiares qu'occuperait cette somme si les pièces étaient disposées une à une en carré de manière à se toucher; 4° Le poids de la somme empilée.

Solution. Le diamètre d'une pièce de 20 francs étant de 0 m, 021 mm, les 5 milliards (5000000000 de fr.) ou 5000000000 : 20 = 250000000 de pièces de 20 francs occuperaient une longueur de 0,021 × 250000000 = 5250000 m. = 5250 kilom. — 2° en empilant toutes ces pièces les unes sur les autres, la hauteur de la pile serait de 0,001375 × 250000000 = 343750 m. = 343 kilom. 750 m. — Les 250000000 de pièces étant disposées en carré, on peut considérer chaque pièce comme occupant une surface égale à celle du carré circonscrit à la circonférence de la pièce. Or, le diamètre de la pièce étant de 0 m. 021, le carré qui représente la surface occupée par chaque pièce a évidemment 0m,021 de côté ; sa surface est donc de 0,021 × 0,021 = 0m².000441 millim². Une pièce occupant une surface de 0m².000441 millim², les 25000000 de pièces occupent une surface de 0,000441 × 25000000 = 110250 m². — L'hectare valant 10000 m², 110250 m² représentent une surface de 110250 : 10000 = 11 ha. 02 ares 50 centia. — 1 fr. en argent pesant 5 grammes, 5000000000 de fr. en argent pèseraient 5 × 5000000000 = 25000000000 degr. = 25000000 de kilog. Comme l'or, à valeur égale, pèse 15,50 fois moins que l'argent, les 5000000000 de fr. en or pèsent 25000000 : 15,50 = 1612903 kg. 225 gr. $\frac{25}{31}$ de gr.

Rép. 1° Cette somme occuperait une longueur de 5250 kim.

2° La haut. de cette colonne serait de 343750 m., ou 343 kim. 750 m.

3° Cette somme occuperait une surface de 11 ha. 2 a. 50 centia.

4° Le poids de cette somme est de 1612903 kg. 225 gr. $\frac{25}{31}$ de gr. —

Ces solutions, faites très à la hâte, renferment probablement un assez grand nombre d'inexactitudes ; j'aurais voulu, avant de les publier, les relire avec soin, mais mes nombreuses occupations ne me l'ont pas permis. Je compte donc sur l'indulgence de mes bons confrères et j'espère qu'il me sauront gré d'avoir de leur venir en aide dans l'enseignement si difficile de l'Arithmétique.

9 782329 730745